U0794175

四川省产教融合示范项目系列教材

复杂装备数字化研发实训

黎　荣　张海柱　郑　庆◎编著

西南交通大学出版社
·成　都·

图书在版编目（CIP）数据

复杂装备数字化研发实训 / 黎荣，张海柱，郑庆编著. --成都：西南交通大学出版社，2023.10
四川省产教融合示范项目系列教材
ISBN 978-7-5643-9523-0

Ⅰ. ①复… Ⅱ. ①黎… ②张… ③郑… Ⅲ. ①装备制造业－数字化－教材 Ⅳ. ①TH166

中国国家版本馆 CIP 数据核字（2023）第 201767 号

Fuza Zhuangbei Shuzihua Yanfa Shixun
复杂装备数字化研发实训

黎 荣 张海柱 郑 庆 编著

责任编辑 李 伟
封面设计 吴 兵

出版发行 西南交通大学出版社
（四川省成都市金牛区二环路北一段 111 号
西南交通大学创新大厦 21 楼）
邮政编码 610031
发行部电话 028-87600564 028-87600533
网址 http://www.xnjdcbs.com
印刷 四川森林印务有限责任公司

成品尺寸 185 mm × 260 mm
印张 8
字数 198 千
版次 2023 年 10 月第 1 版
印次 2023 年 10 月第 1 次
书号 ISBN 978-7-5643-9523-0
定价 24.00 元

课件咨询电话：028-81435775
图书如有印装质量问题 本社负责退换
版权所有 盗版必究 举报电话：028-87600562

PREFACE 前言

数字化转型是指为了提高组织绩效，运用数字技术进行创新，对战略、能力、资源和文化等进行重新塑造和构建的过程。当前，数字化转型已成为我国经济社会创新发展的主要特征。随着信息技术的普及和互联网的持续发展，信息化与经济社会的融合程度不断加深，产业数字化与数字产业化、数字高效化与数据要素化正成为转型的标志性特征。

数字化转型使制造企业发展质量进一步提升，具体表现在效率变革、动力变革和质量变革三个方面。在效率变革方面，企业利用数字技术增强了对资源使用的监控，及时纠正资源错配，避免资源浪费，使资源利用效率得到了提升，从而带动制造企业的生产效率提升；在动力变革方面，数字化转型促使大数据、人工智能、云计算等新兴数字技术与传统产业融合，传统制造业的技术能力得以提升，促进了制造业增长动能转换，带动了制造业发展质量提升；在质量变革方面，数字技术可以通过多种方式更准确地把握不同客户的特定需求，根据需求定制化生产，从而更好地实现供给侧发展质量变革。

轨道交通装备、航空航天、新能源汽车等高端、复杂装备制造企业需要大量高素质的数字化研发人员。高校作为装备制造业人才培养的重要主体，需要充分考虑企业在数字化研发技术方面的用人需求，力争实现人才质量和数量的“双提升”，为装备制造业的发展提供有力的人才支持。

“复杂装备数字化研发”系列实训项目面向轨道交通装备、航空航天、高端机床等复杂装备的数字化研发共性技术需求而构建实训技术体系，以三维数字化数据为载体，实训内容涵盖概念设计、布局设计、总体设计、详细设计、有限元仿真、虚拟制造、协同研发及可视化仿真等各个环节，让学生通过实训项目的实践，了解企业实际的产品研发过程及主要的数字化技术，具备复杂产品数字化设计、分析和制造的综合能力。

本实训指导书共分为 11 章，第 1 章为理论基础，第 2 章到第 11 章构成完整的复杂装备数字化研发实训体系。本书由黎荣、张海柱、郑庆共同撰写，黎荣完成第 1 ~ 5 章的撰写，张海柱完成第 6 ~ 8 章的撰写，郑庆完成第 9 ~ 11 章的撰写。博士生何旭、刘家均参与了实训流程规划，硕士生张勇杰、官峥颖、高至参与了行业应用案例梳理和校稿等工作。丁国富教授对本书的编写思路多次进行指导，在此表示诚挚的感谢！

本实训指导书的编著得到了四川省产教融合示范项目——“交大-九洲电子信息装备产教融合示范”和国家重点研发计划——“定制产品可视化智能设计与仿真验证关键技术及系统研发”项目的支持。

作 者
2023 年 5 月

实训纪律

（1）学员在实训教师指导下，按照实训计划认真完成实训任务。

（2）严格遵守学校和实训单位的规章制度，遵守纪律，严格考勤，不得无故缺席。

（3）严格遵守实训单位的安全规程、操作规程、劳动纪律、保密制度等规定，现场实训前必须完成安全教育，未受教育者不得进入实训现场。

（4）实训期间服从实训单位的统一安排，尊敬老师，听从指挥，爱护公物，爱护实训设施、设备，与实训内容无关的设施、设备不要乱动，团结友爱，讲文明、懂礼貌。

（5）对违反纪律的，实训成绩按不及格处理；严重违反纪律的，按学校有关纪律管理规定处理。

（6）认真、严谨地完成实训报告，不弄虚作假，不抄袭。

CONTENTS 目录

第1章 理论基础-复杂装备设计过程

本实训课程是在学生已经完成初级机械设计课程和机械专业核心工程课程基础上开展的，如理论力学、材料力学、流体力学、机械原理和机械设计等课程。本课程详细讨论了与复杂装备数字化设计课程相关的基础共性问题，包括什么是设计？设计质量的衡量标准是什么？设计过程有效性的衡量标准是什么？设计流程如何影响成本、质量和上市时间？产品生命周期的哪些阶段？等等。

1.1 关于设计

设计是通过以创新的方式运用知识来创造有价值的产品（如硬件、软件或集成产品）的过程。尤其是设计结果可能从未在市场上存在过。因此，设计、创造了新的产品（原始设计或原始创新设计），或者以新的方式修改现有产品以满足市场的需求（配置设计或重构组合设计），又或者利用与以前不同的方式解决现有问题而形成的新的解决方案（重新设计或翻新设计）都称之为设计。严格来说，设计能力既是一门科学，也是一门艺术。

1.2 产品生命周期

工程和产品设计的一个关键焦点是在设计过程中必须考虑整个产品生命周期，从产品构思、生产到其使用、报废（产品生命周期结束）。理想情况下，应同时考虑产品对用户、社会、环境等多方面的影响。虽然设计活动主要发生在产品开发阶段，但设计方案对产品生命周期的后期阶段（即生产和交付、产品使用和生命周期结束）具有很大的影响。

1.3 设计过程

据保守估计，由于设计过程薄弱，导致新产品出现问题——产品故障、生产时间长、生产成本高等——占比高达85%。设计是开放式问题（Open Problem），有多种解决方案可以满足特定的设计需求，并且可以采用各种设计过程路径来获得最终产品。设计也是一个迭代过程，随着时间的推移来创建和改进概念。迭代确保最终产品是满足原始设计意图的最佳解决方案。在设计过程中，工程师或设计师运用他们的专业知识来推动设计概念的发展，并将其完善为最终产品。

1.4 整体设计项目流程

设计项目的目标通常是开发新产品或改进现有产品。一般设计过程包括9个步骤：

（1）项目规划；

（2）项目定义；

（3）指标制定；

（4）概念设计；

（5）详细设计；

（6）样机制造；

（7）样机测试；

（8）样机设计修改；

（9）生产制造。

本实训课程将数字化技术引入复杂装备研发，将 9 个步骤聚合为 5 个阶段：

（1）需求分析——项目规划和定义阶段；

（2）复杂装备概念设计阶段；

（3）复杂装备数字化设计阶段；

（4）复杂装备数字化分析阶段；

（5）复杂装备数字化制造阶段。

基于行业既定的设计最佳实践和研究人员倡导的并行工程设计方法，阶段 1 和阶段 2 具有高度迭代性，因为需要巩固设计概念并估计成本，为产品开发的后期阶段奠定基础。这种方法在许多工程设计教科书中都有很好的证明。在第 3 阶段，随着设计概念的进一步发展，原型设计工作和成本也会增加。第 4、5 阶段通过运用 CAE（计算机辅助工程）和 CAM（计算机辅助制造）工具进行多轮计算和分析，以验证设计概念是否可行。其中，它还涉及实施设计更改，以进一步改进设计或解决可能威胁设计可行性的任何问题。

1.5 实训对象

本节选择高速列车转向架和五轴机床作为实训对象，分别介绍其功能结构。

1.5.1 高速列车转向架的功能结构

1. 转向架的功能

转向架是动车组的核心部件，对动车组的平稳性和稳定性至关重要。其主要用途如下[1]：

（1）承载（传力）。承受底架及以上各个部件的重量和载荷，主要包括车体、动力装置、高压装置、辅助装置和乘客重量等，并把重量和载荷均匀传递到各个车轴，最后传递到钢轨。

（2）牵引（驱动）。只有动力转向架才具有此功能，首先通过牵引电机把电能转换为机械能，再通过减速器把电机扭矩放大，并把放大后的扭矩传递到轮对；然后通过轮轨间的黏着作用产生轮周牵引力，把牵引力传递给轴箱→构架→牵引装置→车体→车钩，为列车前进提供牵引力。

（3）导向。通过轮对和钢轨相互作用及轴箱合适的定位刚度，保证列车顺利通过曲线。

（4）缓冲。通过转向架的一系悬挂和二系悬挂装置，缓和轨道不平整对列车的冲击，减缓和抑制列车的振动，保证列车具有良好的舒适性。

（5）制动。通过基础制动装置和再生制动装置（只有动力转向架有再生制动功能，并优先使用再生制动），通过轮轨作用为列车制动提供合适的制动力，使其根据制动指令制动。

2. 转向架零部件组成及其功能

动车组转向架一般可分为两大类，即动力转向架和非动力转向架。其区别主要有：

（1）动力转向架有驱动（牵引）装置，而非动力转向架没有。

（2）动力转向架一般采用轮装制动盘。而非动力转向架只采用轴装制动盘，或者同时使用轴装制动盘和轮装制动盘。

（3）构架和车轴上的安装座差异。动力转向架和非动力转向架分别如图 1.1 和图 1.2 所示，其主要零部件组成如下：

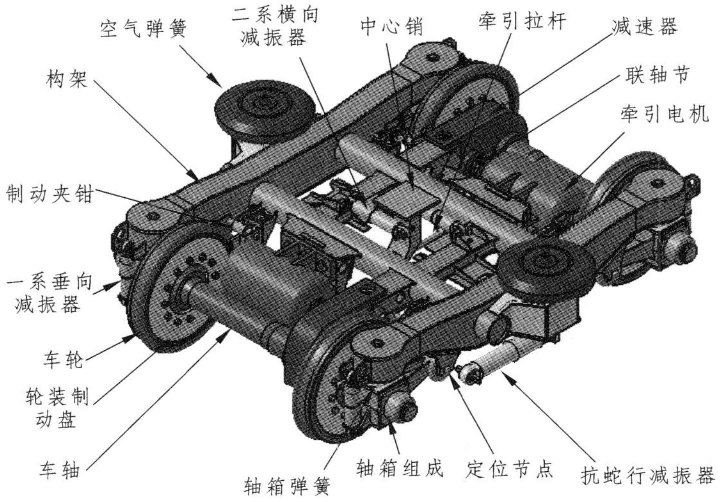

图 1.1　动力转向架结构及主要模块组成

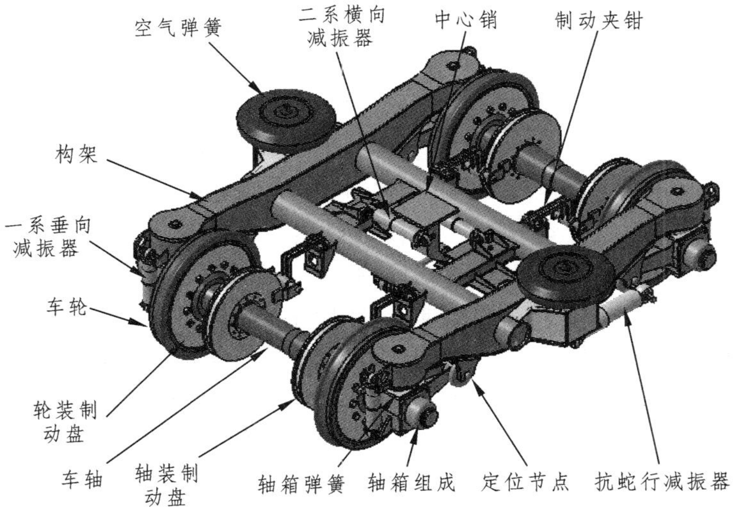

图 1.2　非动力转向架结构及主要模块组成

① 轮对组成，它可以进一步细分为车轮和车轴等零部件。其主要作用是把列车的载荷传递到钢轨，并通过车轮和钢轨间的相互作用产生制动力或者牵引力，实现列车的制动、牵引及自动导向。

② 轴箱组成，它可以细分为轴承、轴箱体和端盖等零部件。其主要作用是通过轴承的旋转为轮对提供回转中心，传递轮对产生的牵引力或制动力，以及构架的垂向载荷。

③ 一系悬挂组成，它可以细分为垂向减振器、轴箱弹簧和轴箱橡胶定位节点等零部件。其主要作用是减缓和抑制轨道激扰引起转向架的振动，通过点位节点合适的横向及纵向定位刚度，保证较高的列车蛇行临界速度并顺利通过曲线。

④ 构架，它可细分为侧梁、横梁和安装座（电机、减速器、减振器和制动夹钳的安装座）。构架是转向架的“骨架”，为其他零部件提供安装接口并承受和传递其载荷；同时横梁和侧梁内腔可作为附加气室（CRH2 构架的横梁内腔为附加气室）。

⑤ 二系悬挂装置，它可细分为空气弹簧、中心销、枕梁组成（CRH2 的枕梁与车体底架作为一个整体）、牵引拉杆装置、抗侧滚装置和各向减振器等零部件。二系悬挂装置提供车体安装接口，承受和传递车体的垂向力及转向架的牵引和制动力，并使列车通过曲线时，转向架可以绕着车体回转中心转动（一般车体与转向架的相对转动角度为 3° ~ 5°），同时隔离车体和转向架间的高频振动。

⑥ 牵引装置（驱动装置），它可细分为牵引电机、联轴器、齿轮箱和相关的弹性吊装机构等零部件。只有动力转向架才具有此装置，其主要作用是通过牵引电机把电能转换为机械能，并通过齿轮箱把电机扭矩放大后传递到轮对，通过车轮和钢轨的黏着作用产生牵引力；此外，牵引电机还可用于再生制动（作为发电机）。

⑦ 基础制动装置，它可细分为制动缸（分为气缸和油缸）、制动夹钳、闸片和制动盘（分为轮装制动盘和轴装制动盘）等。其主要作用是通过制动缸把制动风缸传递来的力进行放大，使制动夹钳闸片压紧制动盘，使列车的动能转换成热能而耗散掉，实现列车的制动[2]。

转向架组成的结构树如图 1.3 所示。

1.5.2　五轴机床的功能结构

1. *五轴机床结构*

普通三轴机床由 X、Y、Z 轴三个线性轴组成。加工过程中刀具矢量是固定的，因此只能加工平面、圆孔、槽等规则特征。而五轴机床引入了两个转动轴，加工过程中刀具矢量可变，理论上可以任意方向靠近加工表面，因此可以加工发动机叶片、涡轮等复杂曲面。

五轴机床引入的转动轴可以是 A、B、C 轴（分别对应绕 X、Y 和 Z 轴旋转）中的任意两个组合，即 AB 型、AC 型和 BC 型。五轴机床的结构可以根据主轴摆放位置不同分为立式和卧式机床，也可以按照旋转轴分布不同分为双摆头型、双转台型和摆头-转台型机床。双摆头型五轴机床如图 1.4（a）所示，两个转动轴都位于主轴上。由于摆头自身尺寸较大，而且运动需要较大的工作空间，所以双摆头型五轴机床多为龙门式，用于大型零件加工场景。双转台型五轴机床如图 1.4（b）所示，两个转动轴都位于工作台上，因此又被称为“摇篮型”五轴机床。其工作台不能承载较大尺寸的零件，刚性较差，多用于小型零件加工场景，应用最为广泛。摆头-转台型五轴机床如图 1.4（c）所示，一个转动轴位于主轴，另一个转动轴位于工作台上。由于工作台上只有一个转动轴，所以工作台的尺寸可大可小，其承载能力较好，刚性较好，多用于中型零件加工场景。

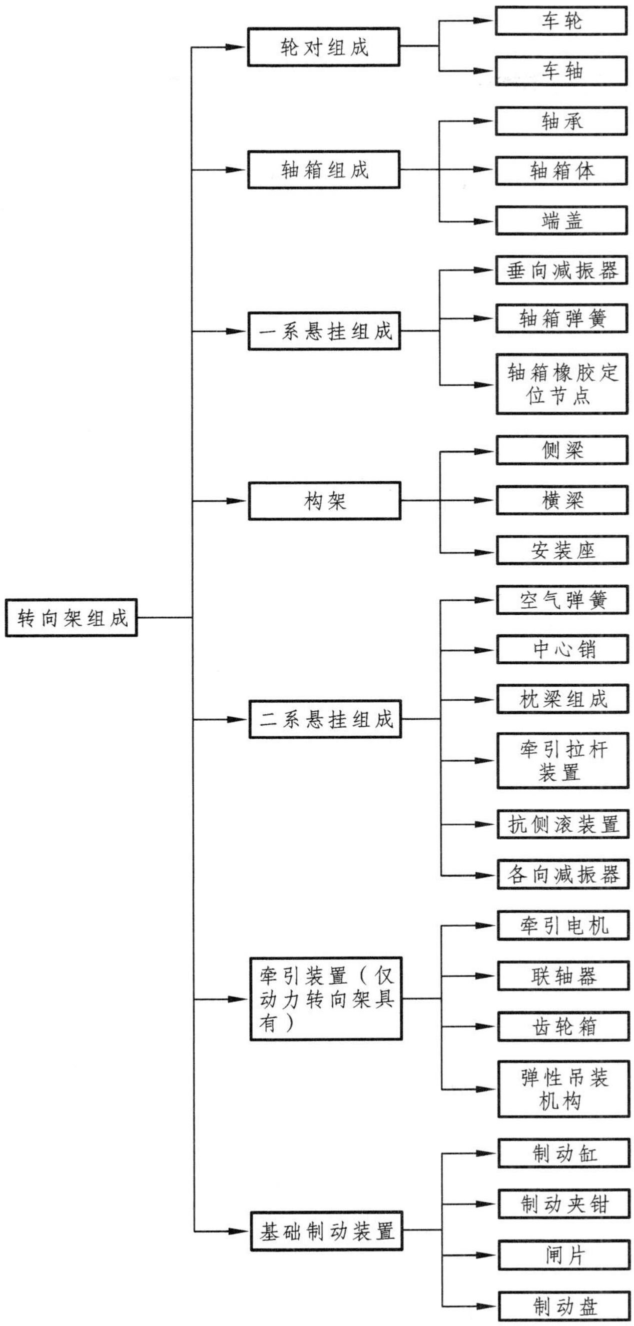

图 1.3　转向架组成结构树

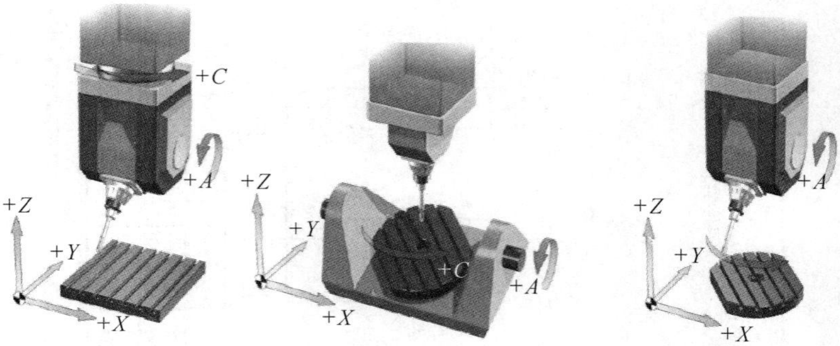

（a）双摆头型　　（b）双转台型　　（c）摆头-转台型

图 1.4　五轴机床三种结构类型

五轴机床组成的结构树如图 1.5 所示。

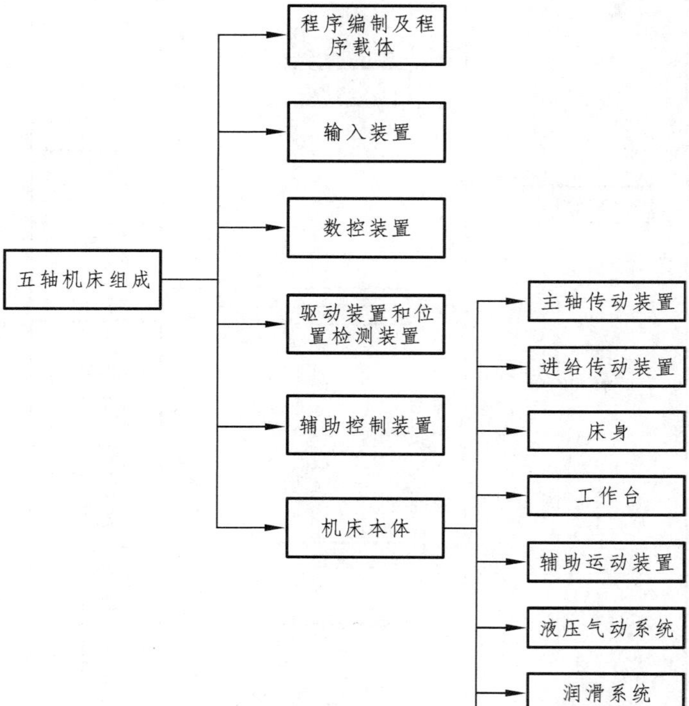

图 1.5　五轴机床组成结构树

2. 五轴机床坐标系

五轴机床坐标系系统中常用的有机床坐标系、工件坐标系和刀具坐标系，如图 1.6 所示。

（1）机床坐标系，是机床上固有的坐标系。机床坐标系的原点称为机床原点，是机床上的一个固定点，一般由机床制造商确定，是其他坐标系如工件坐标系、编程坐标系、机床参考点的基准点[3]。机床参考点也是机床上的一个固定点，是出厂时由机床制造商在每个轴上精确调整好的，其坐标值被写入数控系统。一般“回参”命令即可使各轴回到参考点。数控铣床的机床参考点和机床原点是重合的。

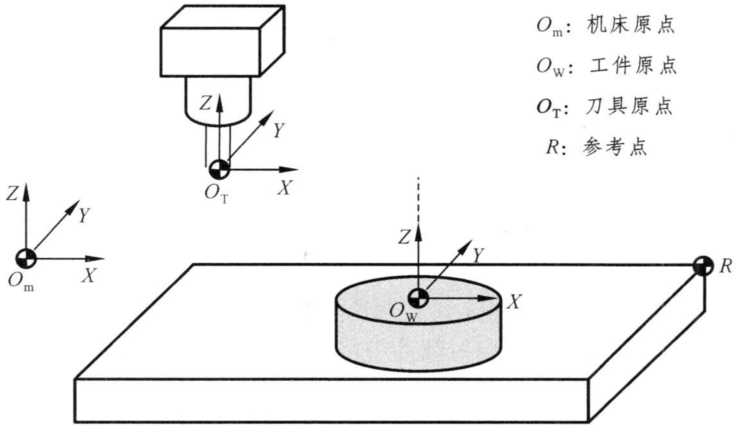

图 1.6　机床常用坐标系

（2）工件坐标系，是人为设定的坐标系。在数控机床使用中，默认工件视为固定，刀具相对工件运动。数控编程人员在设计模型上选择适合的点作为工件坐标系原点（坐标轴方向一般与机床坐标系坐标轴方向一致），CAM 系统将刀具指令转换到工件坐标系下，以此生成 NC 代码（数字信息控制机械控制器能识别的代码）。

（3）刀具坐标系，是为了方便研究刀具的空间位置和姿态建立的坐标系，一般取刀具中心作为刀具坐标系原点，坐标轴方向与机床坐标系一致[4]。

参考文献

[1] 王伯铭. 高速动车组总体及转向架[M]. 成都：西南交通大学出版社，2008.

[2] 谢喜佳. 面向需求的转向架配置设计系统研制[D]. 成都：西南交通大学，2015.

[3] 倪娟. 西门子 802Se 数控车系统中工件坐标系的建立与对刀[J]. 装备制造技术，2012（05）：201-203.

[4] 刘小杨. 五轴柔性生产线上零件形面特征在机检测系统研究与实现[D]. 成都：电子科技大学，2020.

第 2 章　实训项目 1-复杂产品需求分析及概念设计

2.1　实训目的

（1）了解复杂产品需求分析和概念设计理论及技术。

（2）掌握 CAD（计算机辅助设计）软件中概念设计的基本步骤。

2.2　实训方法

本实训主要按照实训任务和指导教师的要求，完成实训内容。在实训过程中，学生在教师指导下完成分组，了解复杂产品需求分析及概念设计的基本理论及技术知识，通过小组协作和讨论形成完整的实训步骤，并利用数字化研发实训室的软件平台，通过上机实验完成实训任务。建议流程如下：

（1）教师讲授复杂产品需求分析及概念设计的基本理论、技术；

（2）教师指导学生进行实训分组，建议每组 2～4 人；

（3）学生按组进行分工，根据实训指导书建议的实训流程制定具体的实训实施方案；

（4）分组进行具体实训，包括实际对象认知、需求分析及建模、概念设计、上机、实训报告撰写、实训成果汇报等；

（5）教师统计并总结实训情况。

2.3　复杂产品需求分析

由于本实训的对象是复杂产品，故先对复杂产品进行简单介绍。复杂产品是指客户需求复杂、产品组成复杂、产品技术复杂、制造过程复杂、项目管理复杂的一类产品。它的一个主要特点就是在设计、建模等不同过程中蕴含了大量行业知识。这些知识复杂多样、形式灵活，多以经验的形式分散存在。如何更为有效地以数字化的形式表示和利用它们，使之得以保存下来并充分发挥作用是一个关键问题。大型船只、航空航天装备、高速列车、大型武器装备等都属于复杂产品。

产品设计与开发流程如图 2.1 所示[1]。确认客户需求是产品开发流程的概念开发阶段不可或缺的一部分，所得到的客户需求将用于指导团队建立产品指标，生成产品概念，并为进一步开发选择产品概念打下基础。客户需求通常是用“客户的语言”表述的，并没有提供如何设计和工程化该产品的确切指导，需要用产品指标来表示产品必须达到的性能的精确描述。产品指标通常至少要建立两次。紧随确认客户需求之后，设计人员设置“目标指标”，在选定概念并测试之后，将确定最终指标。本处只考虑确认客户需求之后建立目标指标的过程，此过程与确认客户需求一起可视为客户需求分析。

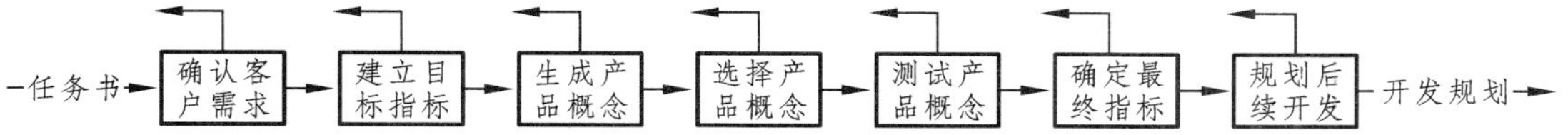

图 2.1 概念开发活动

1. 确认客户需求

确认客户需求的方法分为以下两个步骤：

（1）从客户处收集原始数据。在收集数据前，需要确定数据来源的客户对象，可以选择“领先用户（Lead User）”，从而更有效地确定需求；也可以在所有情况下都收集产品最终用户的数据。数据收集包括与客户接触以及体验产品的使用环境，常用的数据收集方法包括访谈、焦点小组、观察客户使用一件现有产品。在与客户交流时，可以使用视觉激励和道具，让客户描述产品和与产品相关的典型任务，对客户潜在需求的表达要敏感，同时还要注意客户的非语言信息。

（2）把原始数据“翻译”成客户需求。不同分析者可能把相同的访谈记录“翻译”成不同的需求，因此可以让多个团队成员进行“翻译”。在“翻译”时，应遵循以下 5 个原则：

① 用产品“做什么”，而不是“如何做”的形式来表达需求。

② 表达需求时，其信息要与原始数据一样详细；使用肯定句；把需求表达成产品的一个属性；避免“必须”和“应该”措辞。

③ 把需求组织成等级。把需求组织成等级列表的过程是凭直觉完成的，也可以按以下流程进行：第一步，在单独的卡片上写出陈述每一条需求；第二步，删除冗余陈述；第三步，根据卡片表达的需求的相似性对其归类；第四步，为每个卡片组选择一个标签，则卡片组标签就是一级需求，卡片组成员就是二级需求；第五步，考虑创造一个包含 2 ~ 5 个卡片组的“超级组”，则“超级组”的标签就成为一级需求，其他卡片组的标签成为二级需求，卡片组成员为三级需求；第六步，回顾并编辑组织好的需求陈述。

④ 建立需求的相对重要性。客户对不同的需求赋予了不同的重要性权重，但需求等级列表本身并不能提供任何这方面的信息。在设计产品时，设计人员需要根据客户需求的重要性合理分配资源。建立需求的相对重要性，其结果是确定需求子集量化的重要性权重，完成这一任务有两条基本途径：一是依靠团队成员与客户接触的经历所达成的共识；二是将重要性评估建立在进一步的客户调查上。

⑤ 对结果和过程进行反思。需要与目标市场上尽可能多的重要客户进行交流，了解客户的潜在需求，尽可能准确地将客户陈述“翻译”为需求。

2. 建立目标指标

建立目标指标的过程包含如下 4 个步骤：

（1）准备度量列表。度量是将客户需求转化成一组精确的、可测量的指标。理想情况下，每个客户需求对应一个度量，可以用质量功能展开（QFD）矩阵表达需求和度量之间的关系。在创建度量列表时，应该保证度量是完整的、实用的，包括在市场中进行比较的、广泛使用的标准规范，且度量应该是关联变量，一些很难转化为量化的度量需求可以直接复述。

（2）收集竞争性标杆信息。收集竞争性产品的信息可以确定新产品相对于现有产品的具体定位。将收集到的竞争性产品信息制成标杆图：一种标杆图是将度量作为表格的列，竞争性产品作为表格的行；另一种标杆图是将客户需求作为表格的列，竞争性产品作为表格的行。

另外，至少要建立一个显示竞争性度量值的表格。

（3）设置理想目标值和最低可接受目标值。理想值是设计人员所能期望的最好结果，最低可接受值是能使产品勉强商业存活的值。可以将表达度量的值表示为至少 X、最多 X、在 X 和 Y 之间、精确为 X、一组离散的值，每个度量均需设置理想值和最低可接受值。

（4）对结果和过程进行反思。

2.4 复杂产品概念设计

复杂产品系统的研发与生产往往融合在一起。当整个产品系统研发制造出来之后，就直接单个交付用户，而不再像大规模制造的产品那样，在新产品研发出来之后，还存在扩大再生产的过程。因此，对于复杂产品的设计而言，其概念设计阶段尤为重要，概念设计是决定所设计的产品能否满足性能目标的关键。

产品概念是对产品的技术、工作原理和形式的近似描述，概念通常表达为一幅草图或一个粗略的三维模型，并常伴有简洁的文字描述。产品概念设计过程是一个从分析用户需求到生成产品方案的求解过程[2]，具有创新性、复杂性与认知性等特点。概念设计可大致分为概念生成、概念选择、概念测试和确定最终指标四部分内容。概念生成的过程是从一组客户需求和目标指标开始，最终产生多个初步产品概念；概念选择是根据客户需求和其他标准评估概念、比较概念的相对优缺点，选出一个或多个概念，以便进一步开发；概念测试是在目标市场的潜在客户中获得对产品概念的直接反应，以便确定多个概念中需要继续开发或修正的概念；确定最终指标则是对最初设立的目标指标进行提炼，使目标值更加精确。下面将分别对概念生成、概念选择、概念测试和确定最终指标进行详细介绍。

1. 概念生成

对于复杂产品而言，其产品结构组成庞大、零件数目众多、系统要素多重耦合，因此可以将复杂产品的概念设计问题分解成若干个简单的子问题；接着通过外部搜寻和内部搜寻，获得子问题的解决方法；最后用概念分类树和概念组合表，进行系统探索，将子问题的解决方法进行合理组合，得到一个总体解决方案。

需要注意的是，在整个概念生成过程中，设计人员可能要反复回到每个步骤进行重复操作，且设计人员需要在整个过程中持续对结果和过程进行反思，确定所有的子问题解决方法都已被找出，所有的内部、外部资源均已搜寻完成，所有的子问题解决方法均已合理组合，每个成员的观点都被接受并结合在整个设计过程中，设计人员需要反思尽可能全面的问题，来使最终得到的产品概念更加完善。

1）理清问题

理清问题包括建立总体理解、问题分解、集中考虑关键子问题。问题分解的常用方法有按功能分解、按用户操作顺序分解和按关键的客户需求分解。问题分解完成后，设计人员需要选择对产品的成功最为关键、最有可能从有创造性的解决方案中获益的那些子问题，优先解决这些子问题，将其他子问题延迟解决。

2）外部搜寻

外部搜寻的目标是，为总体问题和子问题寻找现有的解决方法。虽然外部搜寻被列为概念生成方法的第二步，但实际上外部搜寻持续发生在开发过程的始终。

3）内部搜寻

内部搜寻是利用个人和团队的知识、创造性来产生解决概念的过程。可以将内部搜寻看成是从某人的记忆中追溯出潜在有用的信息片段，然后使该信息匹配手头上的问题的过程。

4）系统探索

作为外部和内部搜寻活动的结果，设计人员已获得若干个子问题的解决方法，通过系统探索，可以引导设计人员将子问题的解决方法进行合理组合，从而得到对整个问题的潜在解决方案。需要注意的是，选择某种组合的活动，本身不可能形成一种完整的解决方案，还需要经过后期的不断改进和完善。进行系统探索的两种常用工具是“概念分类树”和“概念组合表”。

2. 概念选择

概念选择是缩小考虑中的概念选项的过程，它是反复进行的，而且可能不会立即产生一个占绝对优势的概念。概念选择过程中，先在众多备选概念选项中选出一部分概念，此时概念集合会缩小，然后这些概念会被组合和改进，从而可能使可供考虑的概念集合暂时性地扩大。对于复杂产品而言，其概念选择方法有两个步骤：第一步称为“概念粗筛”，第二步称为“概念评分”。粗筛是一种快速、近似的评估，目的是产生较少的可行选项。评分是对这些相对较少的概念进行更仔细地分析，以便选出最有可能导致产品成功的那一个概念。在整个粗筛和评分过程中，可能要进行几次反复，因为几个概念的特征经过组合将产生新的选项。

概念粗筛和概念评分两个阶段，都遵循以下 6 个步骤：

1）概念粗筛

第一步，准备选择矩阵，选择标准列在粗筛矩阵的左边，概念列在顶部的行中。

第二步，在矩阵的每个单元格中填入“优于”（+）、“等于”（0）、“劣于”（-）的相对分数，以表示在特定标准上每个概念与参照概念相比较的评价。

第三步，在评价了所有概念后，设计人员将“优于”“等于”“劣于”的数目加起来，并把和值填入每个概念对应的矩阵最下面一行，完成求和之后，就可以将概念进行排序。

第四步，将组合和改进后的概念添加到矩阵中，与原先的概念一起排序。

第五步，设计人员选择相对满意的概念进行修正和分析。

第六步，对概念粗筛得到的结果以及整个过程进行反思，降低发生错误的可能性。

概念粗筛的流程图如图 2.2 所示。

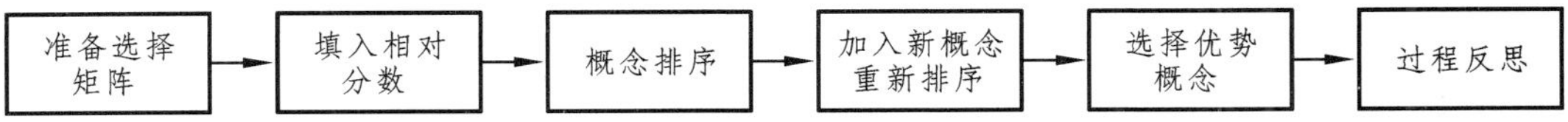

图 2.2　概念粗筛流程图

2）概念评分

此阶段与概念粗筛阶段的区别在于，设计人员需要对选择评价准则的相对重要性赋予权重，并参照每个准则（可以是多个准则）进行更精细地比较。此时，加权评分等于原始评分乘以标准的权重，每个概念的总分是各加权评分和。

以高速列车转向架的概念选择过程为例，其概念粗筛矩阵如表 2.1 所示。

表 2.1　概念粗筛矩阵

选择标准	概　念				
	车轮	车轴	齿轮箱	牵引电机	联轴节
适应环境温度	0	+	0	+	0
最高运行速度	0	0	+	+	0
牵引能力	0	−	−	+	0
最大制动距离	0	−	−	−	0
噪　声	0	−	−	+	0
故障发生率	+	−	−	−	+
+号总计	1	1	1	4	1
0 号总计	5	1	1	0	5
-号总计	0	4	4	2	0
净分数	1	−4	−4	2	1
评　级	2	4	4	1	2

3. 概念测试

概念测试能获得目标市场中潜在客户对产品概念描述的直接反应。这种测试可以用来在两个或更多概念中选择继续开发的概念，从潜在客户那里收集如何改进概念的信息以及估计产品的销售潜力。

测试产品概念遵循以下 7 个步骤：

（1）定义概念测试的目的。通过概念测试，想要达到什么目的。

（2）选择调查人群。概念测试背后的一个假设就是被调查的潜在客户代表了产品的目标市场人群。在实际调查中，最初的几个问题被称为“筛选问题”，用来确定回答者是否符合产品目标市场的定义。

（3）选择调查形式。概念测试常用的形式有面对面交谈、电话、邮寄信件、电子邮件和在因特网上建立一个虚拟的概念测试网站。

（4）概念传达。在概念传达时，概念描述应密切反映用户在决定购买时可能考虑的信息。概念传达有以下 9 种方式：文字描述、草图、照片和渲染图、情节展板、录像、仿真、交互式多媒体、外观模型和工作原型。

（5）测量客户反应。概念测试通常测量潜在客户的“购买意向”，如肯定会买、可能会买、也许买/也许不买、可能不买、肯定不买。

（6）解释结果。预测一个时期内的产品预期销售数量 Q 为

$$Q=N\cdot A\cdot P \tag{2.1}$$

式中，N 是这一时期内预期实施购买活动的潜在客户数量；A 是产品“可以买到”且客户“知道该产品”的比例；P 是产品被购买的概率。

（7）对结果和过程进行反思。在反思概念测试的结果时，设计人员应考虑两个关键的诊断性问题：概念的传达方式是否能引导客户反映出真实意向的客户反应？最终的预测与能看到的类似产品的销售率是否一致？通过归纳整理概念测试结果的文档，可以找出这种结果与

产品成功与否之间的关联。

概念测试的流程图如图 2.3 所示。

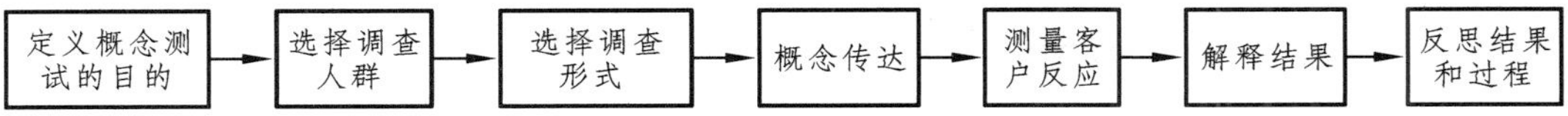

图 2.3　概念测试流程图

4. *确定最终指标*

在完成概念选择，准备开展随后的设计与开发时，设计人员需要对指标重新审视一次。开始时设立的目标指标只能表达宽泛的范围，需要进行提炼，使目标值更加精确。通过用解析模型和实物模型评估实际技术约束和预期的产品成本，设计人员可以确定最终指标，在这一提炼阶段中，设计人员必须在产品的各种希望获得的特性之间进行权衡取舍。

对指标进行提炼遵循以下 5 个步骤：

（1）建立产品的各种技术模型。产品的技术模型是针对特定的一组设计决策来预测其度量值的一种工具。技术模型的输入是与产品概念相关的独立的设计变量，比如结构件的材料、质量、安装点以及液压油黏度和弹簧的弹性系数等；输出是度量的值，如刚度、安装时间和弯曲强度等。

（2）建立产品的成本模型。这一步骤的目标是确保产品能以“目标成本”生产出来。“目标成本”是公司及其销售商能获取足够的利润，同时又能以具有竞争力的价格向最终客户提供产品的制造成本。对于大多数产品，制造成本的第一次估计是通过列出材料明细（包括所有零件的列表）并估计每个零件的购买或制造价格而完成的。在整个开发过程中，材料明细需要定期更新，以便反映制造成本估计的当前状况。

（3）对指标进行提炼，必要时进行权衡折中。通过使用技术模型，可以确定各度量值的可行组合。利用竞争分布图，设计人员可以确定新产品相对于竞争产品的定位。竞争分布图是各个竞争产品沿着从一组度量中选出的两个维度的分布图。通过使用技术模型、成本模型以及竞争分布图，设计人员可以提炼这些指标，以便符合产品概念所有固有约束的要求，并且以相对竞争产品形成性能优势的方式作出折中权衡。

（4）适当地“顺延”这些指标。对于复杂产品而言，指标被用来定义每个子系统的开发目标，以及整个产品的开发目标。在这种情况下的挑战是把整体指标“顺延”成每个子系统的指标。在“顺延”过程中的第一个挑战是，要确保子系统的指标确实反映了整体产品的指标，即如果各子系统达到指标，那么整个产品也会达到指标。第二个挑战是，要确保满足不同子系统的指标难度相同，否则，整个产品的成本将很可能高于必需成本。

（5）对结果和过程及时进行反思。设计人员需要考虑的一些问题有：该产品是否能在竞争中超越竞争产品？设计人员所选的概念能否最好地适合目标市场？在技术模型和成本模型中存在多大的不确定性？等等。

2.5　复杂产品需求分析和概念设计实训流程

下面以高速列车或五轴机床开展复杂产品需求分析和概念设计实训，可参考的实训流程如图 2.4 所示。

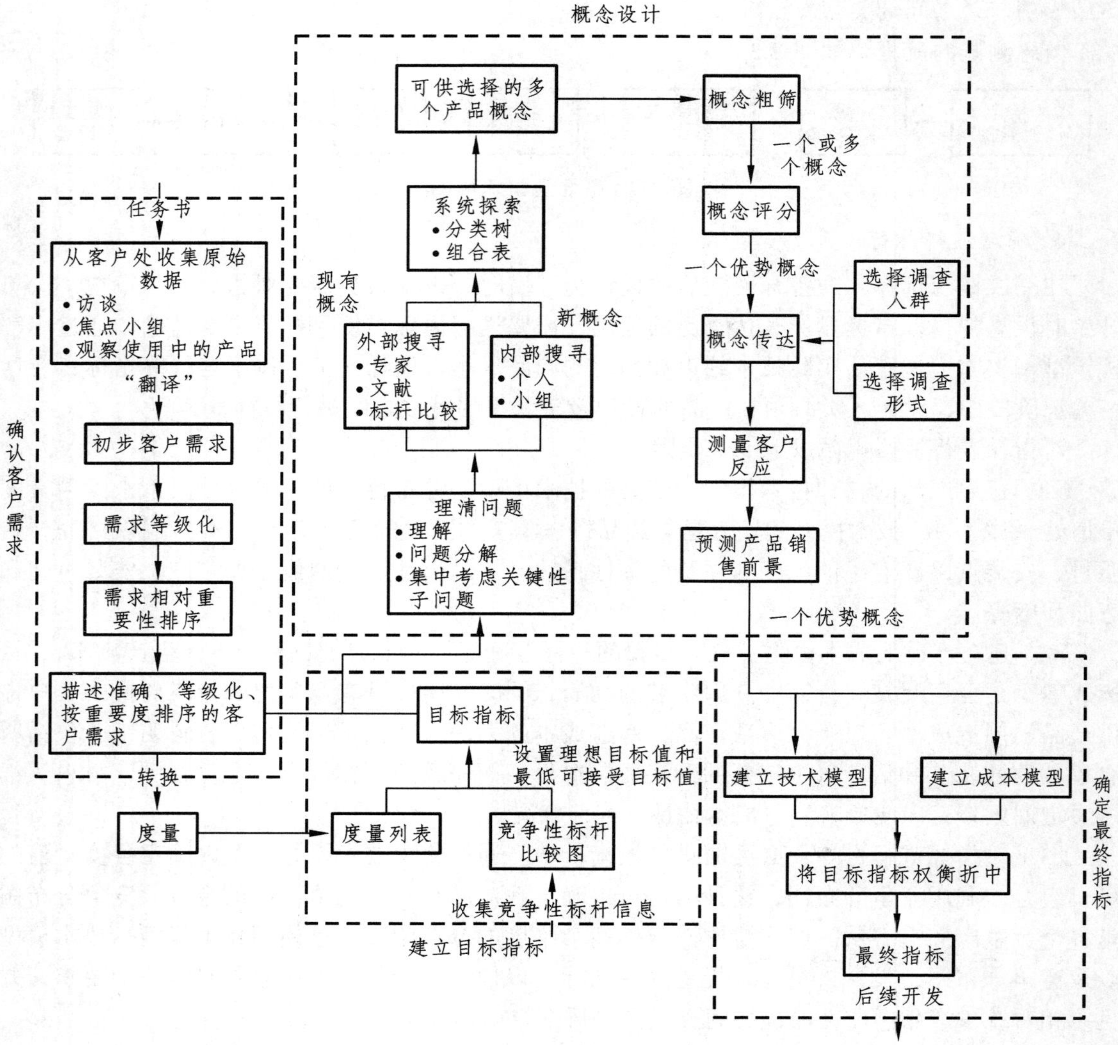

图 2.4 复杂产品需求分析和概念设计步骤

参考文献

[1] KARL T U，STEVEN D E. 产品设计与开发[M]. 北京：机械工业出版社，2014.

[2] 邓家禔. 产品概念设计理论、方法与技术[M]. 北京：机械工业出版社，2002.

第3章 实训项目2-复杂产品模块化设计

3.1 实训目的

（1）了解复杂产品模块化设计理论及技术。

（2）掌握CAD软件中模块化设计的基本步骤。

3.2 实训方法

本实训主要按照实训任务和指导教师的要求，完成实训内容。在实训过程中，学生在教师指导下完成分组，了解复杂产品模块化设计的基本理论和技术知识，通过小组协作和讨论形成完整的实训步骤，并利用数字化研发实训室的软件平台，通过上机实验完成实训任务。建议流程如下：

（1）教师讲授复杂产品模块化设计的基本理论、技术；

（2）教师指导学生进行实训分组，建议每组2～4人；

（3）学生按组进行分工，根据实训指导书建议的实训流程制定具体的实训实施方案；

（4）分组进行具体实训，包括实际对象认知、模块化设计、上机、实训报告撰写、实训成果汇报等；

（5）教师统计并总结实训情况。

3.3 模块化设计基本知识

1. 模块的概念

模块[1]是可组合成系统的、具有某种确定功能和接口结构的典型的通用独立单元。模块具有以下特征：

（1）模块是系统的组成单元。模块可以作为一个单元从系统中拆卸、取出和更换。不能从系统中分离的单元不算模块。

（2）模块是具有确定功能的单元。模块功能不依附于其他功能而相对独立存在，不受其他功能干扰。

（3）模块是一种标准单元。

（4）模块能构成系统的接口。

2. 模块的分类

模块按照其用途和特征可以划分许多种类，其中常见的有[2]：

（1）依据系统的功能关联度，可将产品系统分为具有不同功能的单元，执行这些功能的模块称为功能模块。功能模块又可分为基本功能模块、辅助功能模块、特殊功能模块等，而它们又可根据产品的特点进一步细分为功能更具体的模块。

（2）依据模块在产品系统中所处的地位和模块之间的关系，可将模块划分为不同等级，称之为分级模块。在这个分级体系中通常包括高层模块、子模块，或一级模块、二级模块、三级模块等。高层模块通常由相应分级系统中低一级的模块组成；最低等级的模块则由元件或分元件组成。元件或分元件的构成要素叫作负分元件，它是分级体系中最基本的模块元件。

（3）依据模块的通用程度，可将模块划分为通用模块、专用模块、特别模块等。通用模块是指该类模块的通用化程度高，它不仅用于某一种产品中，而且能在该类产品系列中通用，甚至能做到跨系列、跨大类产品通用。这种模块通常是成系列开发、成批制造，不断产生派生、变型产品，其应用面广、生命周期长、经济效益好。专用模块是为某种产品或某项用途而专门设计制造的，一般需单独研制。特别模块是根据系统的特殊要求而特殊设计的。

3. 模块化的概念

模块化是“以模块为基础，综合了通用化、系列化、组合化的特点，解决复杂系统类型多样化、功能多变的一种标准化形式”，定义揭示了模块化的如下内涵：

（1）模块化是标准化的一种形式，它是在综合了标准化其他形式特点的基础上发展起来的标准化高级形式。

（2）模块化的对象是复杂系统，这个系统可以是产品、工程或一项活动。这个系统的特点是结构复杂、功能多变、类型多变。

（3）模块化的基础是模块，由模块（而不是由零件）组合成产品或工程。

4. 模块化设计的概念

模块化设计过程通常包括模块化设计、物品加工和模块化装配三个步骤，包含两种情形：一种是在生产某种特定复杂物品或为完成某项工程时，采取分模块生产再组合的方法，根据该产品或工程系统的功能要求，选择、设计相应的模块，确立它们的组合方式；另一种是对不同类型、用途、规格产品进行功能分析，从中提炼出它们之间带有相同功能的设计，划分产品的某些要素，并将它们组合在一起，构成具有特定功能的子系统，将这些子系统作为通用性的模块，通过模块的选择和组合构成新的系统，产生多种不同功能或相同功能、不同性能的系列产品[2]。通过模块的组合与迭代，可以增加产品系列，提高产品质量，满足市场的多样化需求，同时也能缩短产品研发与制造周期，快速应对市场变化。

作为通用化、系列化和组合化的高级形式，模块化是一种特别适用于机械产品系统的结构模式。模块化设计具有以下优势特征[3]：

（1）产品由一系列可互换的模块组成，能够提高维修性；

（2）设计时重用成熟模块，或者在已有模块的基础上进行改进，这样有利于产品质量的保证和提升；

（3）通过模块的批量加工和灵活组合，能够同时满足大批量与个性化的需求。

模块化设计作为一种粗粒度的设计，在细粒度范畴设计较少，主要存在以下几个问题[3]：

（1）新技术的使用较多，企业可直接使用的模块不多，需要大量的变形、改进设计。对此传统模块化设计需要重新设计模块，很难实现自动化。

（2）分立的模块只有通过接口设计才能构成整体，接口的匹配性将直接影响到模块功能的发挥和整机的可靠性。当前模块的接口问题未能得到很好解决。

（3）产品的设计知识经验如何很好地反映到具体的模块上，以方便满足客户的定制化需求自顶向下传递。针对于此模块化设计未提出很好的解决方案。

5. 模块化设计的支撑理论[4]

模块化系统的分析、建立与实施需要有系统论原理、相似性原理和重用性原理的支撑。

系统论原理是指任何模块化的事或物都可看成是一个系统。整体性是系统最基本的属性，把系统作为有机整体看待，构成系统的各个要素虽然具有不同的性能，但它们都是由逻辑统一性的要求构成整体。系统内各单元之间是互相联系、互相作用、有机结合的，系统与环境、系统与系统之间也存在相互联系和相互作用。在模块化系统中，这种相关性体现为系统中的链状接口系统，如模块之间的机械接口、电气接口、机电接口以及各种物理量与电量的接口、信息接口等。只有充分考虑各接口之间的协调与匹配性，才能保证系统整体质量良好及可靠。

相似性原理是指分析、识别大量不同产品和过程中的相似性，挖掘存在于产品和过程中的几何相似性、结构相似性、功能相似性及过程相似性，利用标准化、系列化方法减少产品内部的多样化，提高零部件和生产过程的可重用性。产品和过程中的相似性有各种不同的形式，例如零件之间的几何相似性，产品结构之间的结构相似性，部件、产品之间的功能相似性等。这些不同类型的相似性的归纳将构成模块化系统的基础。

重用性原理是指在模块化、定制化产品和服务中存在大量可重复使用、重新组合使用的单元。通过采用标准化、系列化、通用化的方法，充分挖掘和利用这些单元，将复杂产品的生产问题通过产品重组和过程重组，全部或部分转化为批量生产的问题，从而以较低的成本、较高的质量和较快的速度生产出复杂产品。

6. 模块化设计的应用

鉴于模块化设计的上述优点，模块化设计方法已经广泛应用于机械行业的各个领域，成为现代机械产品设计的普遍方法之一[5]。

（1）在工程装备方面，美国于 20 世纪末提出可重构制造系统（RMS），具有低成本、高质量、快速响应等特点；德国 Lerinc 公司研制的柔性生产系统（FMS），可以根据需要进行模块化组装；哈尔滨工业大学于 1958 年开始进行机床模块化设计，设计了积木化机床，并且取得了较好的成效；瑞典 Linden 公司生产出世界上第一台模块化平头塔机 Linden8000，极大提高了塔机的适应性和灵活性。

（2）在交通运输装备方面，大众于 2007 年大力推进模块化平台，推出发动机横置模块化平台（MQB），实现了 80%以上的零部件通用；我国在 20 世纪 70 年代引进的斯太尔 91 系列汽车也运用了模块化设计理念，研发了 31 种车型的模块系列化设计任务；吉利的 CMA 平台、广汽的 GPMA 平台、一汽奔腾的 FMA 平台等，都实现了模块化设计与生产；镇江船厂的 36 m 工程船舶进行了模块化设计，缩短了造船周期。

（3）武器作战装备方面，美国陆军坦克-机动车辆研究发展与工程中心（TARDEC）提出了装甲车辆系列化（AFV）计划，旨在通过充分采用装甲车辆的模块化设计来降低风险；欧美一些国家还在通用防空模块化导弹（CAMM）、欧洲的模块化导弹（EMM）及联合通用导弹（JCM）的研发中采用了模块化设计方法；美国陆军模块化武器系统（MWS）和德国莱茵金属公司的模块化战车也运用了模块化设计思想。

3.4　模块化设计与概念设计的关系

按照 Suh 的公理化设计理论，产品设计可以认为是选择适当的设计参数（DPs）完成从功能域到物理域的映射，即 $FR=\boldsymbol{A}\cdot DP$，其中 $\boldsymbol{A}$ 为设计矩阵。模块化设计在概念设计阶段的任务可以理解为决定上述设计矩阵 $\boldsymbol{A}$，完成从功能需求域到模块功能域的映射，之后在考虑模块尺寸、速度等性能要求的情况下完成模块功能域到模块结构域的映射[6]。

从上述分析可知，设计过程实际上是一个分阶段、分层次、逐步逼近解答方案并逐步完善的过程。它体现了设计中从抽象到具体、从局部到全局、反复循环的规律。模块化设计同样遵循这一规律，它包括根据用户需求分析进行模块化产品概念设计和方案设计、模块及产品的详细设计、零件的加工和产品的装配等环节。其中，各环节之间又存在反复循环、不断完善的并行关系（图中未画出）。图 3.1 描述了这种基本过程。

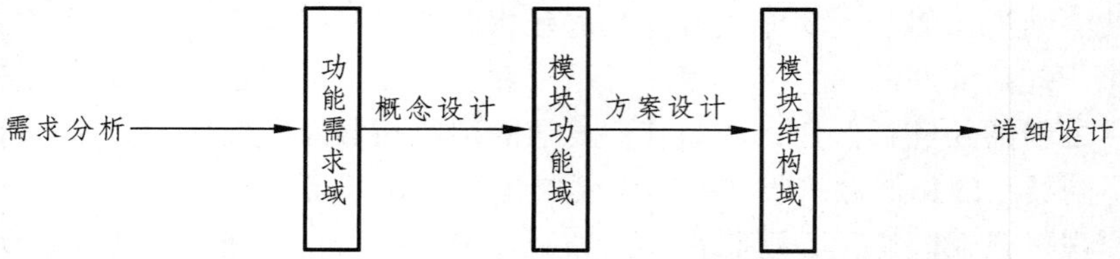

图 3.1　模块化产品设计过程

1. 功能需求分析

将客户需求转化为具体的功能需求和参数约束，并进行合理的功能分解和参数约束分解，以便进行下一步的方案设计。

2. 模块化产品的概念，方案设计阶段

方案设计是模块化设计的关键，决定着模块化设计系统的成功与否，只有在方案设计阶段将产品规划好了，才能使详细设计少返工或不返工，提高设计效率和成功率。该阶段的主要任务是通过建立产品功能模型查询现有模块库、知识库得到基本的产品模块组成方案。

3. 模块化产品的详细结构设计阶段

详细设计则是用 CAD 软件，经过详细的结构设计、精度设计、动静刚度设计、热刚度设计、结构工艺性设计、可靠性设计等将模块模型、产品模型转换为具体的、可生产的模块或产品设计图。通过对具体模块结构的选择、组合将结构方案转化为详细的产品结构。

3.5　高速列车转向架模块化设计示例

1. 模块划分[7]

将转向架按照功能划分为八大模块：牵引电机模块 M1、基础制动模块 M2、轮对模块 M3、中央牵引模块 M4、侧梁模块 M5、横梁模块 M6、一系悬挂模块 M7、二系悬挂模块 M8。

2. 模块识别

构建转向架产品需求-技术指标相关性矩阵 $\boldsymbol{R}$、技术指标-模块相关性矩阵 $\boldsymbol{B}$ 和模块传播影响相关性矩阵 $\boldsymbol{P}$，如图 3.2 所示，计算各模块的模块变异指数（GVI）、模块吸收传播指数 P_{in}、

模块发出传播指数 P_{out}，识别出通用模块、系列化模块和参数化模块，识别结果如表 3.1 所示，取通用模块和系列化模块进行模块化设计。

		需求权重	转向架技术指标：平均加速度	紧急制动力	滚动圆直径	轴箱定位形式	一系悬挂刚度	一系悬挂阻尼	二系悬挂刚度	二系悬挂阻尼	构架刚度
客户变化需求	加速性能	0.33	9	0	0	0	3	3	0	0	3
	制动性能	0.33	0	9	3	0	0	0	0	0	3
	承载能力	0.33	0	0	3	7	5	3	5	3	9
	技术指标权重		0.167	0.3	0.092	0.067	0.103	0.64	0.059	0.029	0.208

（a）需求-技术指标相关性矩阵 $\boldsymbol{R}$

		技术指标权重	转向架模块：牵引电机模块	基础制动模块	轮对模块	中央牵引模块	侧梁模块	横梁模块	一系悬挂模块	二系悬挂模块
	平均加速度	0.167	9	0	1	3	0	0	0	0
	紧急制动力	0.200	0	9	1	3	0	0	0	0
	滚动圆直径	0.095	0	0	9	0	0	0	0	0
	轴箱定位形式	0.067	0	0	0	0	7	0	9	0
	一系悬挂刚度	0.103	0	0	0	0	3	0	9	0
	一系悬挂阻尼	0.064	0	0	0	0	3	0	9	0
	二系悬挂刚度	0.048	0	0	0	0	3	0	0	9
	二系悬挂阻尼	0.029	0	0	0	0	3	0	0	9
	构架刚度	0.208	0	0	0	0	9	9	0	0
	模块变异指数(GVI)		1.50	1.80	1.22	1.10	3.13	1.87	2.29	0.69

（b）技术指标-模块相关性矩阵 $\boldsymbol{B}$

		转向架模块：牵引电机模块	基础制动模块	轮对模块	中央牵引模块	侧梁模块	横梁模块	一系悬挂模块	二系悬挂模块	模块发出传播指数 P_{out}
转向架模块	牵引电机模块	0	0	0	3	5	7	3.6	3.6	22.2
	基础制动模块	0	0	3	0	7	5	3.6	3.6	22.2
	轮对模块	0	3	0	0	3	0	0	0	6
	中央牵引模块	3	0	0	0	0	3	0	0	6
	侧梁模块	3	0	0	0	0	0	3	3	9
	横梁模块	3	0	0	0	3	0	0	0	6
	一系悬挂模块	0	0	0	0	5	3	0	0	6
	二系悬挂模块	0	0	0	0	3	5	0	0	8
	模块吸收传播指数 P_{in}	9	3	3	3	2.6	2.6	10.2	10.2	

图 3.2　矩阵 $\boldsymbol{R}$、$\boldsymbol{B}$、$\boldsymbol{P}$

表 3.1　识别模块结果

模块	M1	M2	M3	M4	M5	M6	M7	M8
模块类型	系列化模块	系列化模块	通用模块	通用模块	参数化模块	参数化模块	参数化模块	参数化模块

3. 模块创建

系列化模块需要规划响应多个需求空间的模块实例，而通用化模块只需规划一个模块实例，故以牵引电机模块为例进行系列化模块设计，利用模糊聚类对已有的牵引电机模块实例进行聚类，再利用层次分析法对每一类中的实例模块进行决策，得出每一类中的最佳实例模块，对决策出的模块实例进行牵引仿真，利用遗传算法对不满足要求的实例进行重新设计。已有牵引电机模块实例如表 3.2 所示，牵引电机模块系列规划结果如表 3.3 所示，牵引电机系列化模块实例决策结果如表 3.4 所示，牵引电机模块实例牵引仿真结果如表 3.5 所示，新模块实例牵引仿真结果如表 3.6 所示。

表 3.2　已有牵引电机模块实例

实例序号	速度等级/（km/h）	平均加速度要求/（m/s²）		牵引电机模块实例关键特性参数					
		目标值	最低值	启动功率/kW	启动扭矩/N·m	最高转速/（r/min）	质量/kg	通风量/（m^3/min）	成本/万元
1	380	0.18	0.16	630	1 380	4 360	720	39.6	928
2	350	0.19	0.17	598	1 350	4 230	685	37	902
3	320	0.21	0.19	552	1 270	4 150	648	34	853
4	300	0.22	0.20	513	1 203	4 072	619	32	811
5	275	0.24	0.22	480	1 126	4 072	563	28	769
6	250	0.25	0.23	445	1 055	4 030	534	25.8	727
7	220	0.28	0.26	423	997	4 050	516	24.6	697
8	200	0.27	0.24	355	851	3 983	476	21.6	615
9	180	0.26	0.23	300	719	3 983	453	20	543
10	160	0.28	0.25	276	681	3 872	437	18.6	518

表 3.3　牵引电机模块系列规划结果

模块系列	候选模块实例
实例 A	已有模块实例 1
	已有模块实例 2
实例 B	已有模块实例 3
	已有模块实例 4
实例 C	已有模块实例 5
	已有模块实例 6
	已有模块实例 7
实例 D	已有模块实例 8
	已有模块实例 9
	已有模块实例 10

表 3.4　牵引电机系列化模块实例决策结果

模块系列	候选模块实例
实例 A	已有模块实例 1
实例 B	已有模块实例 4
实例 C	已有模块实例 6
实例 D	已有模块实例 9

表 3.5　牵引电机模块实例牵引仿真结果

模块系列	速度等级/（km/h）	平均加速度/（m/s^2）		评　价
		最低值	仿真结果	
实例 A	380	0.16	0.18	√
	350	0.17	0.20	√
实例 B	320	0.19	0.20	√
	300	0.20	0.22	√
实例 C	275	0.22	0.22	√
	250	0.23	0.25	√
	220	0.26	0.30	√
实例 D	200	0.24	0.23	×
	180	0.23	0.26	√
	160	0.25	0.30	√

表 3.6　新模块实例牵引仿真结果

速度等级/（km/h）	平均加速度/（m/s^2）			评　价
	目标值	最低值	仿真结果	
200	0.27	0.24	0.26	√
180	0.26	0.23	0.29	√
160	0.28	0.25	0.33	√

4. 模块组合

将每一个按要求设计后的模块进行组合，得到最终的转向架。

3.6　模块化设计实训流程

模块化设计实训重点建议为模块划分、模块创建和模块接口设计三部分内容。

1. 模块划分

模块划分是指在对给定设计任务进行功能分解后，利用一定的划分方法将产品划分成满足模块化设计要求的一系列模块。模块划分是产品进行模块化设计的基础，产品模块的划分直接影响着产品的开发时间、性能、功能、成本、维修的方便性和模块的通用程度等。复杂产品的模块划分一般考虑以下几个原则[8]：

（1）模块功能和结构有一定独立性和完整性。

模块应该能独立完成一定的功能，并且具有相对独立和比较完整的结构。模块的功能独立有利于产品的组合和减少功能冗余，结构的独立性则有利于模块的设计、制造和产品的组装。

（2）模块接口便于连接和分离。

模块划分要使模块的连接和分解过程比较容易进行。因此，模块必须具有保证它与外界进行物质、信息、能量交换的一致性的边界或接口。

（3）模块内部零部件强耦合，模块之间为弱耦合。

模块划分要使模块内部零部件之间具有尽可能高的关联度，而模块之间的关联度则要尽可能低。这样既保证了模块的独立性和完整性，同时也使模块之间的连接比较容易进行，从而便于模块接口的设计。

（4）分解的粒度要适中。

模块分解的粒度太大，会导致模块之间的关联度增加，不便于产品的并行设计，从而延长产品的设计周期。模块分解的粒度太小，则不便于模块化产品的设计和生产制造，同时也不便于新产品的开发。

（5）尽可能以产品的部件作为模块。

以结构相对独立的部件作为模块，便于模块的互换，且模块结构和形状直接取决于客户需求，便于结构的参数化，具有比较好的通用性，便于互换和维修。

目前，模块划分方法主要有基于产品功能的模块划分方法、基于功能和结构的模块划分方法、面向产品生命周期的模块划分方法等[9]。

一种模块柔性划分方法的基本步骤如图 3.3 所示[4]。

首先根据模块化工作的目的和产品的具体情况来确定产品模块化的工作范畴，即是属于新产品的开发、产品变型设计、已有产品族的模块化改造工作中的哪一类。

在确定了具体的模块化工作范畴后，便是选择相应的具体划分方法。

若是面向新产品的开发，则其模块划分方法如下：

① 获取客户需求，并将其明晰；

② 将客户需求转换为设计指标，并对产品总功能进行分解，得到一系列子功能单元；

③ 建立客户需求与工程性能之间的相关矩阵，以及工程性能之间的互相关矩阵，并进行相似度计算及矩阵的变换求解；

④ 根据模块划分原则，结合具体情况确定模块分组的初步方案。

若是面向产品的变型设计，则其模块划分方法如下：

① 根据产品设计经验总结产品变化规律，进行产品总功能的分解；

② 确定进行相关性计算的子功能，确定产品全生命周期的相关性指标权重，例如面向设计的模块主要是根据产品各组成部分之间功能上的相关程度来进行划分，面向制造的模块划分重点考虑加工方面的问题，面向使用、装配和维修的模块划分重点考虑模块的接口问题，面向回收的模块划分重点考虑模块的重用性；

③ 建立相关矩阵，进行相关度计算，重新聚集成块；

④ 根据模块划分原则，确定分组模块。

通过对已有产品的模块化改造工作，可以将繁多的、五花八门的产品进行归类和“瘦身”，有助于企业的系列化、标准化工作的开展。可以将设计人员从繁重的“画图”工作中解脱出来，真正投入到产品的设计中去。对已有产品的模块化改造的模块划分方法如下：

① 根据产品设计经验以及模块化工作的目标确定模块划分的产品样本范围；

② 对产品族进行分解，形成一系列的单元族；

③ 对每个单元族建立相关矩阵，通过计算进行矩阵求解变换，聚类形成单元族模块。

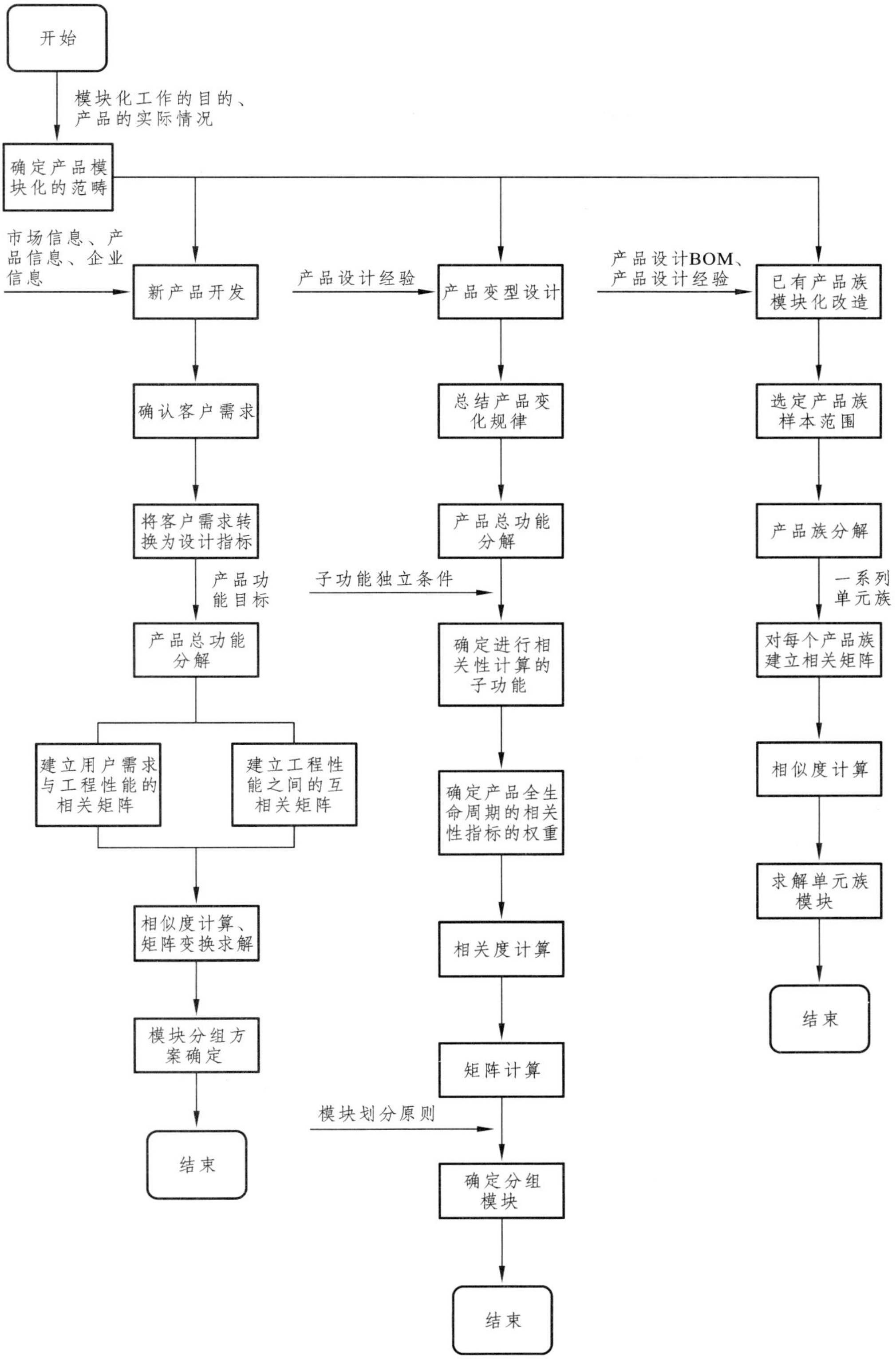

图 3.3　模块柔性划分方法

2. 模块创建

模块创建包括两方面的内容：

（1）对于划分好的模块，按要求进行设计，完成模块的功能设计、参数设计、接口设计等，并将设计好的模块存入模块库。

（2）由于市场需求的变化和技术的发展，需要不断地用新的模块来代替或淘汰过时的、落后的模块，以保持产品在市场上的竞争力，延长产品的生命周期。

模块划分是从系统优化的角度研究模块应具有的基本功能和结构特征，模块的创建则以模块划分结果为指导，以设计需求为目标，创建出具体的模块结构的过程。模块的创建可分为三种类型：

（1）对现有零部件结构进行分析、归纳得到的模块结构。

这类模块一般是企业经过长期使用、验证过的零部件，都具有成熟的功能结构，通过对这类模块进行参数和几何结构分析，建立典型结构的参数化模型[10,11]。

（2）基于参数化变型设计得到新的模块。

这里所指的变型设计是设计对象的结构形状定型，采用一组参数来约束定制尺寸关系，在基型模块的基础上根据新的参数需求改变参数的具体取值而形成新的模块。这种变型设计的基础是参数化设计。其变型设计过程中需要妥善处理参数的约束关系、装配约束关系等[7]。

（3）模块的创新设计。

所谓创新设计，一般指的是新技术、新方法、新原理在设计中的应用。创新设计可分为两种基本类型：全新设计和部分创新设计。全新设计将形成企业新的产品族和核心技术平台。然而，这种全新的设计在实际情况中存在并不多，大多数情况是在既有产品族和技术平台上，通过局部的技术创新和改进获得新的产品。同时经验也证明，新结构和新技术的应用不宜超过总体技术和结构的25%，否则产品的可靠性难以保证。模块的分级特性使得模块的创新设计可建立在低一级模块上，用渐进的创新取代一次创新。

上述三种模块创建方式在模块系统运行过程中同时存在，其中在模块系统创建之初，主要以第一种基于对现有零部件进行规范化后的模块设计为主；在系统运行过程中，模块库的更新则主要以基于参数化的模块变型设计方法和模块创新设计为主。

3. 模块接口设计

接口一般指模块间的结合部分，它是模块内用于与外界环境进行接合的特征集合，它通过一系列具有一定集合形状、尺寸和精度的边界结合表面，实现模块与外界的物质、能量、信息交换及空间的定位。

模块接口技术的研究主要包括两方面内容：一是为接口本身的设计，包括接口设计、优化以及接口可靠性、可装配性、加工工艺分析等；二是在模块化设计中对接口的管理技术，包括接口的编码系统、接口的标准化与数据库的管理等。接口的管理是模块化产品进行配置设计的基本条件之一，通过使用接口编码匹配或定义接口约束关系匹配可进行产品的模块配置设计。

参考文献

[1] 童时中. 模块化原理设计方法及应用[M]. 北京：中国标准出版社，1999.

[2] 李春田. 标准化概论[M]. 北京：中国人民大学出版社，2014.

[3] 金鑫. 机械产品参数驱动模块化设计技术研究[D]. 长沙：国防科技大学，2013.

[4] 祁卓娅. 机械产品模块化设计方法研究[D]. 北京：机械科学研究总院，2006.

[5] 赵京，张晓丹，张自强，等. 模块化机械装备及其设计方法研究综述[J]. 华中科技大学学报（自然科学版），2021，49（10）：19-29.

[6] 侯亮. 机械产品模块化开发原理、方法及其应用实践[D]. 杭州：浙江大学，2003.

[7] 陈刚桦，丁国富，韩鑫，黎荣. 动车组转向架模块化产品平台设计[J].机械设计与制造，2020（02）：183-186+190.

[8] ITO Y，SHINNO H. Structural description and similarity evaluation of the structural configuration in machine tools[J]. International Journal of Machine Tool Design and Research，1982，22（2）.

[9] 谌炎辉. 复杂机电产品模块化设计若干关键技术及应用研究[D]. 西安：西安电子科技大学，2013.

[10] 祁国宁，顾新建，等. 大批量定制原理及关键技术研究[J]. 计算机集成制造系统-CIMS，2003（09）：776-783.

[11] 祈国宁，顾新建，等. 大批量定制技术及其应用[M]. 北京：机械工业出版社，2003.

第 4 章　实训项目 3-零部件参数化设计技术

4.1　实训目的

（1）了解复杂产品零部件参数化设计理论及技术。

（2）掌握 CAD 软件中参数化设计的基本步骤。

4.2　实训方法

本实训主要按照实训任务和指导教师的要求，完成实训内容。在实训过程中，学生在教师指导下完成分组，了解复杂产品参数化设计的基本理论和技术知识，通过小组协作和讨论形成完整的实训步骤，并利用数字化研发实训室的软件平台，通过上机实验完成实训任务。建议流程如下：

（1）教师讲授复杂产品零部件参数化设计的基本理论、技术；

（2）教师指导学生进行实训分组，建议每组 2 ~ 4 人；

（3）学生按组进行分工，根据实训指导书建议的实训流程制定具体的实训实施方案；

（4）分组进行具体实训，包括实际对象认知、参数化设计、上机、实训报告撰写、实训成果汇报等；

（5）教师统计并总结实训情况。

4.3　参数化设计技术基本知识

1. 参数化设计概述

静态的几何造型系统不能适应产品开发的动态过程，产品设计要经历概念设计、草图设计、详细设计等多个过程，在这些过程中，产品造型要被反复地修改。采用这种几何造型系统就会引起大量的重复劳动，不利于设计过程的迅速进行。一般来说，经常被修改的是一些尺寸，而几何元素间的拓扑关系很少被改动，参数化设计方法为解决这样的问题提供一个很好的途径。

参数化设计是指通过改动图形某一部分或某几部分的尺寸，自动完成对图形中相关部分的改动，从而实现尺寸对图形的驱动，其中进行驱动所需的几何信息和拓扑信息由计算机自动提取。参数化设计极大地改善了图形的修改手段，提高了设计的柔性，在概念设计、动态设计、实体造型、装配、公差分析与综合、机构仿真、优化设计等领域发挥着越来越大的作用，体现出很高的应用价值[1]。

2. 约束的基本概念

约束是参数化设计的核心。参数化设计的过程，可以认为是一个约束指定、约束求解和约束满足的过程。

约束一词在不同的领域中有不同的含义。在参数化领域里，约束可以解释为特定元素之间必须满足的一组关系。与约束密切相关的还有两个基本概念：一个是自由度，一个是约束度。

自由度是指几何实体所固有的独立运动变量的数目，而约束度则是指由该约束引起的相关几何实体的自由度的减少数量[2]。施于某几何实体上的所有约束的约束度之和，应该等于该几何实体的自由度，这时实体才是约束完备的。若约束度多于自由度，会造成过约束，反之则会欠约束，过约束会造成几何实体约束的相互矛盾，使得无法求解，欠约束则使几何实体具有不确定性，这两种情况在设计的最终结果中都是不允许的。

3. 约束的分类及其表示

1）约束的分类[3]

参数化 CAD 系统中的约束，一般可以分为两大类：工程约束和几何约束。其分类关系如图 4.1 所示。

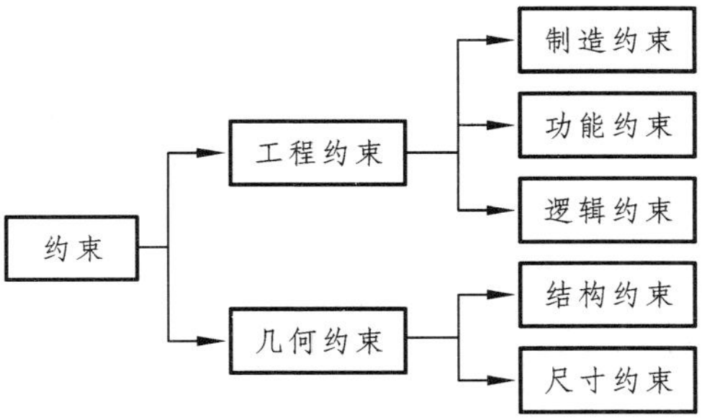

图 4.1　约束分类

工程约束是指几何约束系统中几何元素之间固有的约束关系，包括制造约束关系、功能约束关系和逻辑约束关系等，它主要用于表达设计过程和设计要求。其特点是过程性表达，一般表示为以几何设计参数为变量的一组约束方程。例如齿轮泵中齿轮的模数，一般是根据该泵的额定流量确定的[4]，对于模数而言，这就是一个工程约束，可以通过建立模数和流量间的关系方程 $m = f(Q)$ 来表达该约束，其中 m 为模数，Q 为流量，f 代表两者的约束关系。

几何约束是对几何实体自由度的限制，包括结构约束和尺寸约束，它实质上是几何实体间关系的一种表达，几何约束是双向的，即被施加约束的几何实体之间互为约束者和被约束者。

结构约束又称为拓扑约束，它是对产品结构的定性描述，是指几何元素之间的拓扑结构关系，如平行、垂直、对称等，一般在参数化设计过程中是保持不变的。尺寸约束是对产品结构的定量描述，是指几何元素的大小和位置，如各种距离、直线长度、圆弧半径等。尺寸约束是参数化设计中驱动的对象，通过修改尺寸约束来进行尺寸驱动，从而修改图形，实现参数化，所以尺寸约束是可变的，而且为便于进行尺寸驱动，尺寸约束必须进行尺寸标注并显示出来。

图 4.2 是一个常见几何约束的示意图。

产品的几何约束，主要由设计活动中来自功能、结构和制造三个方面的约束所决定。功能方面的约束是对产品所能完成的功能的描述；结构方面的约束是对产品结构强度等的表示；制造方面的约束是对制造资源环境和加工方法等的表达。在产品设计过程中，将这些约束综合成设计目标，并将它们映射成特定的几何/拓扑结构，最终转化为几何约束，从而形成参数化的产品几何模型。

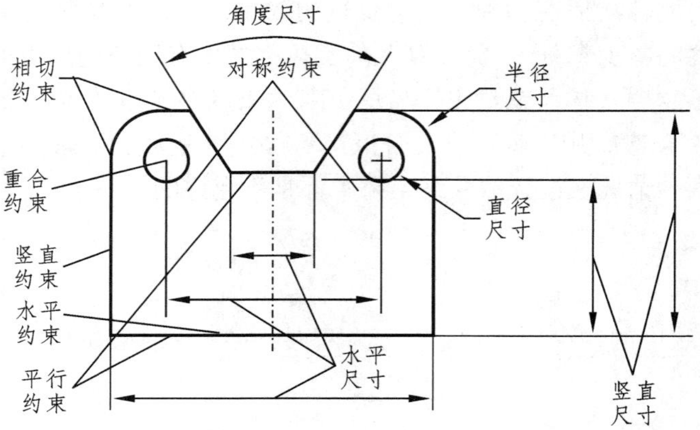

图 4.2　常见几何约束示意图

2）约束的表示

结构约束和尺寸约束，都可以用如下统一的方式来表示：

$$C=(T,O_1,O_2,V) \tag{4.1}$$

其中：C 表示约束；T 表示约束类型；O_1，O_2 分别表示约束对象；V 表示约束值。

约束值 V 的数据类型可以是整型或实型。整型代表结构约束，体现了对某种几何拓扑结构关系的肯定，是一种属性关系，不含数量关系；实型代表尺寸约束，表达了数量上的关系。约束值也可以带有正负号，以体现约束的方向。带符号的约束体现了几何元素之间相互约束的方向性，它对几何体拓扑结构进行了更明确的限定，从而有效地限制了多解情况的发生。

4.4　模块化设计、参数化设计与系列化设计

模块化设计通过市场调查分析确定系列产品进行功能分析和分解，划分出功能子模块，并将各个模块排列组合，根据种类和数量不同可以形成多种功能不同的产品[5, 6]。参数化设计通过修改参数化模型的参数得到同系列不同尺寸的产品。系列化设计则利用尺寸或性能的相似性来满足同一模块不同性能或尺寸的需求[7]。

在模块化设计过程中，产品模块划分之后，可以应用参数化设计手段对模块化的零件进行设计。模型尺寸不再用确定的数值来表示，而是通过参数表示，并建立尺寸之间的关联关系和尺寸约束，实现参数联动。设计尺寸改变时，只需改变对应的参数值，而且系统能够自动改变所有与其相关的尺寸。单个产品的参数化设计过程如图 4.3 所示。

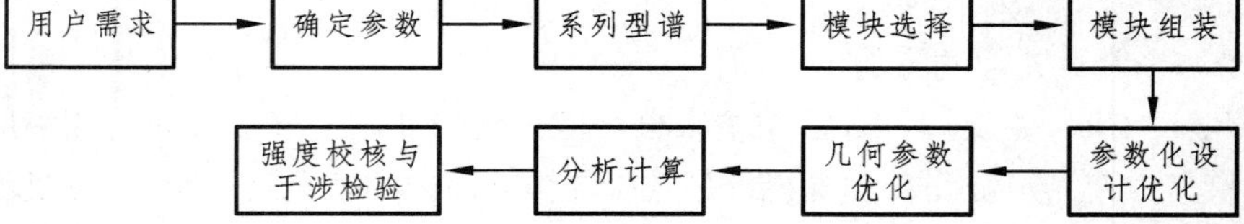

图 4.3　单个产品参数化设计过程

模块化系列化产品的研制过程如图 4.4 所示，首先进行市场调查和用户需求的分析，以此确定所设计的产品种类、产品参数范围以及产品设计要求；相关资料确定后，就需要进行产品功能的种类分析，该步骤是进行模块划分的基础；模块划分的主要目的就是确定基型模块划分准则和基型模块，其结果影响到设计产品结构和性能的优劣；系列化设计就是对基型模块的扩展；模块化系列化产品就是进行现有产品的模块排列组合以及新产品的创新研发，主要用来根据用户的不同或者相同的要求，设计出符合设计要求的方案[8]。

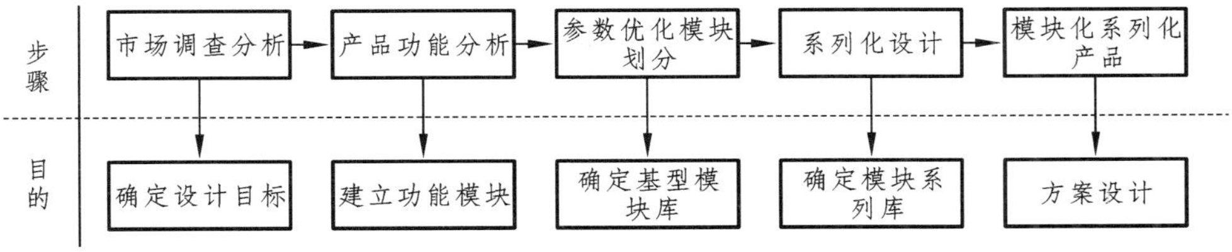

图 4.4　模块化系列化产品研制过程

4.5　参数化设计的优点

机械设计是一个创造性的活动，是一个反复修改、不断完善的过程。同时，对于很多企业，设计工作往往是变型或系列化设计，新的设计经常用到已有的设计结果。据不完全统计，零件的结构要素 90%以上是通用或标准化的，零件有 70% ~ 80%是相似的。传统的 CAD 绘图技术都用固定的尺寸值定义几何元素，输入的每一条线都有确定的位置，要想修改图面内容，只有删除原有的线条后重画。而新产品的开发设计需要多次反复修改，进行零件形状和尺寸的综合协调及优化。对于定型产品的设计，需要形成系列化，以便针对用户的生产特点提供不同功率、规格的产品型号，参数化设计可使产品的设计随着某些结构尺寸修改和使用环境的变化而自动修改图形。

参数化设计技术以其强有力的尺寸驱动、修改图形功能，为初始产品设计、产品建模、修改系列产品设计提供了有效的手段，能够充分满足设计具有相同或相近几何拓扑结构的工程系列产品及相关工艺装备的需要。

参数化技术具有以下三方面的优点：

（1）设计人员的初始设计要求低。无须精确绘图，只需勾绘草图即可，然后可通过适当的约束得到所需精确图形。

（2）便于系列化设计。一次设计成型后，可通过尺寸的修改得到同种规格零件的不同尺寸系列。

（3）便于编辑、修改，能满足反复设计需要。当在设计中发现有不适当的部分时，设计者可通过修改约束而方便地得到新的设计。

这些优点使得参数化技术非常适合于支撑整个设计过程，因为设计的目的是满足一定的功能需求，而这些功能需求往往可以转化为适当的设计约束。设计者通过对设计约束的控制可以方便、灵活地实现产品的功能。

4.6　参数化设计的方法

参数化设计理念于 20 世纪 60 年代诞生，美国的 Sutherland 教授于 1963 年在他开发的系统中运用非线性方程表示几何约束，来确定几何元素的位置，这也成为参数化设计的原始模型[9]。参数化设计经过这几十年的发展和演变，现在已经应用到了各个领域，并产生了多种设计方法，如图 4.5 所示。

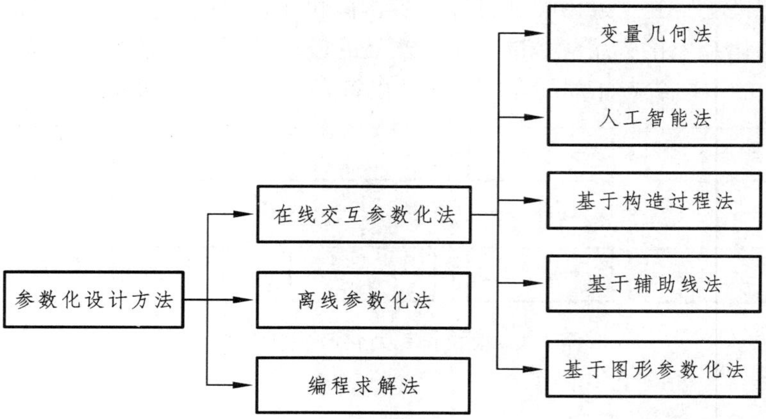

图 4.5　参数化设计方法分类

此处主要介绍基于几何约束的变量几何法、基于几何推理的人工智能方法、基于生成历程的过程构造法以及编程求解法[10,11]。

（1）基于几何约束的变量几何法，是一种基于约束的数学方法。这种方法将几何形状定义为一系列的特征点，将约束关系转换成以特征点坐标为变量的非线性约束方程组，当约束发生变化时，通过 Newton-Raphson 法迭代求解方程组，求出一系列新的特征点，从而生成新的几何模型。该方法对所有的约束都有统一的模型，因此可以适应很大范围的约束，但求解的效率低，处理过程的几何直观性差，迭代法求解的稳定性也比较差，迭代的初值和步长的选取对求解的结果有很大影响。模型越复杂、约束越多，约束方程组的规模就越大，越不易求解。

（2）基于几何推理的人工智能方法，用基于规则的推理方法来确定用一组约束描述的几何模型。在推理过程中，利用专家系统将约束关系用一阶逻辑谓词描述并存入事实库，在给定约束起始点的情况下，通过推理机的推理作用，从规则库中选取规则并应用于现有事实，推理的结论作为新的事实，推理史记录了所有成功的应用规则并提供给重构过程，构造出符合设计要求的几何体。该方法的主要优点是表达简洁直观，通过谓词可以表达很复杂的约束，如相切等，这是其他方法所无法比拟的，而且可以避免变量几何法的不稳定性循环。但其系统庞大，计算量大，约束求解速度慢，无法处理循环约束，求解全局约束的能力也比较差。

（3）基于生成历程的过程构造法采用一种称为参数化履历（Parametric History）的机制，在设计过程中，系统自动记录造型操作过程，记录下几何体生成的前后顺序及其相互间的关系，捕捉设计者的意图。同时将记录的定量信息作为变量化参数，当给其赋予不同的值时就会得到不同的几何模型。该方法可以处理很复杂的模型，经常用于三维实体或曲面的参数化建模，但一般只适用于结构相同而尺寸不同的零件设计，设计的柔性不足。

（4）编程求解方法通过分析模型的特点，以尺寸为变量，并确定各尺寸变量之间的数学关系，输入参数以给定变量值，然后确定其他变量的值，完成约束求解，并用编程语言在 CAD 软件中实现。该方法主要用于表达过程性的约束，特别适合于表达工程约束。但只适用于拓扑关系确定的图形，如果拓扑关系变化了，必须重新编制相应的程序，所以灵活性不足，并且复杂零件的程序编制有很大的难度。这种方法通常用于对 CAD 的二次开发中。

实际应用中，当今几乎所有的著名 CAD 软件，如 PRO/E、UG、SolidWorks 等都采用基于几何约束的变量几何法，这主要有两方面原因：一是变量几何技术可以求解所有的几何约束，不存在不能求解的约束模式，并且可以和工程约束一起联立求解，适应面极为广泛；另一方面，变量几何技术可以应用于诸如参数化绘图、参数化特征建模等机械 CAD 的诸多领域。

一个好的参数化的方法，至少应该满足以下几方面的要求[12]：

（1）能够检查出约束条件的不一致，即是否有过约束和欠约束的出现；

（2）算法可靠，即当给定一组约束和拓扑描述后能够求出存在的一个解，而且当用户需要时，可以给定所有可行解；

（3）交互操作，即求解速度快，使得用户的每一步设计操作都能得到及时、适当的回应；

（4）在构造物体的过程中允许修改约束，而且修改的效果应该与先期的约束设定次序无关；

（5）应能容许广泛的约束类型，并且容易为某些特殊应用加入新的约束类型；

（6）应能通用于二维和三维；

（7）应能处理常规 CAD 数据库中的图样，必要时允许人工干预。

4.7 基于通用 CAD 系统实现参数化设计的方法

现今主流的通用 CAD 系统都提供了强大的基于特征的参数化设计的功能，基于通用 CAD 系统实现参数化设计的方法大体有以下两种：

（1）用人机交互的方式实现参数化设计。这种方法利用通用 CAD 软件自身的参数化特征造型功能，建立零件三维模型，系统会根据建模过程自动生成设计变量。以设计变量作为三维模型的参数，用户通过交互的方式在 CAD 系统中对其进行修改，通过给其赋予不同参数值来驱动零件模型，从而实现用户交互操作层次上的参数化设计。很多 CAD 软件还提供了各具特色的参数化设计工具，以帮助用户更好地进行参数化设计，如 SolidWorks 提供了系列化零件表等。

（2）运用编程技术实现参数化。这种方法又可以分为两种：一种是程序驱动法，另一种是尺寸驱动法[10]。所谓程序驱动法，并不依靠 CAD 软件本身进行建模，而是将设计过程的所有关系式融入应用程序中，然后在程序的控制下，按顺序执行这些设计表达式，按用户所指定的参数值，生成相应的零件模型。这一方法的主要特点是：无须人工建立零件模型，完全由程序实现，但每一次生成零件，都必须重新运行一遍应用程序。尺寸驱动法是通过建立零件模型，以此模型作为零件参数化设计的模板，通过编制应用程序，利用通用 CAD 软件所提供的编程接口来操作该模板，给设计变量赋值，以实现参数化设计，这种方法快捷高效，程序代码简洁，但有些零件参数无法用尺寸标注或特征生成的方式来描述，系统无法生成对应的设计变量，也就无法用尺寸来驱动。所以编程参数化，一般结合了程序驱动和尺寸驱动两种方法，以尺寸驱动为主，无法尺寸驱动的用程序驱动来处理。

人机交互的方法实现起来容易，参数化完全在 CAD 系统内实现，而无须进行编程等额外工作，而且在建模环境中动态、即时地修改设计变量，可以立即查看到设计结果的变化。但这种方法枯燥而单调，主要通过用户交互修改设计变量的值来完成，效率较低，而且设计变量的值并不是任意的，通常来自国家标准、企业内部技术数据，必须人工查找相关数据，才能进行修改以实现参数化，费时费力，容易出错；企业中，设计通常是由很多设计人员共同完成的，人工交互的方式容易造成设计过程中大量的重复劳动。这种方法的功能还受 CAD 系统功能的限制，在一些 CAD 系统中，有些参数无法形成设计变量，人工交互的方法对此类参数的处理就无能为力了。所以人机交互的方法，参数化特征造型软件的效益并未发挥出来。

相比较而言，编程的方法，虽然应用程序的编制有一定的难度，但无疑大大提高了效率，程序一旦编制完成，以后的设计将会非常轻松简便，使得参数化所带来的巨大效益真正得到发挥。编程参数化方法可以针对企业特定设计需求，通过编制应用程序，在应用程序中实现参数化功能、设计计算功能、数据管理功能及其他功能，并通过生动的用户界面与设计人员交互，给用户提供一个集成于通用 CAD 系统中的特定零部件的专用设计环境，能够极大地提高设计效率，减少重复劳动，因此特别适合于系列化产品的设计，也在一定程度上支持变型设计。用户一般只需建立零部件的三维模型作为模板，并辅以一定的绘图程序，在此基础之上建立参数化零部件库，以后同类的设计只需从库中调用模板或绘图程序，通过应用程序给参数赋值便可以实现。

4.8　参数化设计所具备的条件及其影响因素

参数化设计一般是指零件和部件的形状比较定型，用一组参数约束该几何图形的一组结构尺寸序列，参数与设计对象的控制尺寸有显式对应，当赋予不同的参数序列值时，就可驱动原几何图形达到新的目标几何图形。

一般说来，实现参数化设计，必须具备如下几个条件：

（1）在产品设计模型中，应能够包含几何拓扑关系和各种约束关系；

（2）几何图形应能由尺寸驱动；

（3）设计参数与几何图形尺寸具有对应关系。

满足上述条件的产品几何图形，既描述了产品的几何形状，又包含了设计者的设计思想和设计知识，因此，它是产品的设计模型，当给定设计参数一组具体设计数据后，该模型会自动生成整个设计结果。

影响参数化设计的几个关键问题如下：

（1）图形的参数化驱动方式的灵活性，它将影响到参数化模型的建模能力和计算效率；

（2）约束模型的参数化表达能力，能否表示工程设计约束和设计变体的参数化；

（3）参数化图形的装配能力和消隐功能；

（4）约束关系的获取、修改和智能纠错能力。

4.9　参数化模型种类

参数化模型有两种基本形式：基于约束的模型和基于历史的模型。基于约束的模型通过在当前实例上附加约束的方式描述最终的几何体的特征，该方法侧重于生成的结果，只要结果中包含了所需要的几何特征，则获得结果；基于历史的模型通过按顺序描述一个几何体的构造方法的历史来构造几何体，该方法侧重于生成的过程，如果有了正确的生成过程，则生成结果也是正确的。为了最终实现的方便，很多时候将两种模型混合起来使用。在一个机械CAD 系统中，可能利用约束模型表示用户输入的信息，利用约束求解器产生模型，然后，在生成环境中将该模型轮廓通过拉伸等操作扩展为一个体，利用基于历史的方法记录用户在这个体上的每一步构造过程，完成模型设计。基于历史的方法在用户交互操作的过程中记录用户的操作顺序，考虑对象的约束顺序，认为约束是有向的。如定义垂直约束关系，$L_1 \perp L_2$，L_2属于参照对象集合。当改变 L_2 时，自动改变 L_1 以满足约束，而当改变 L_1 时，约束 L_2 不影响。同一般的约束方法相比，基于历史的方法由于考虑了建模过程中所蕴含的设计知识和约束关系，可以将有向约束简化为简单序列，将约束求解的问题由大规模方程求解转化为对单个方程或表达式的求解。

约束模型通用性好，表达能力强，但由于缺少与应用背景相关的推理机制，每加入一个约束，所有约束要一起计算求解，需要很强的计算能力；历史模型侧重生成的步骤，求解简单，但约束的表达能力上有局限性。实际应用中，通常综合使用约束模型和历史模型。对于二维图纸，直接在点、线、面等基本元素上附加显示约束的交互手段更加快捷灵活，符合用户习惯；约束对应的方程组的形式和求解较三维空间的情况简单；约束模型较历史模型的表达能力更强，处理问题的范围更广，因而一般采用基于约束的模型。而对于三维零件实体造型的设计，设计过程中所涉及的几何元素的数目大大增加，问题的求解空间由二维转变到三维，约束求解难度也迅速增加，开始更多地考虑零件的几何形状和零件功能之间的结构关系，而非单纯的点、线、面等几何元素之间的关系，因而采用基于历史的模型。历史模型由若干有序的事件组成，对每个事件按顺序求解，得到最终模型的解。事实上，组成历史模型每个事件本身又可以是一个小的模型。基于约束的或基于历史的模型体现设计中的一定的结构关系，成为一定的设计单元，这种模型成为特征模型。

4.10 参数化设计实训流程

复杂产品参数化设计实训流程可以分为零件参数化设计和部件参数化设计两部分，其流程图如图 4.6 所示[13]。

1. 零件参数化设计

零件是组成机械产品的基本单元，零件的参数化设计是进行部件/产品参数化设计的基础。按照编程实现参数化设计的思想，在零件参数化设计中，应合理确定零件的参数，并正确地建立零件参数化特征模型，通过对通用 CAD 系统的二次开发，建立参数化零件库。

1）零件参数的确定

实现编程参数化设计，以尺寸驱动法为主。首先必须建立一个零件模板，以后零件的参数化设计以该模板为基础。若零件形状结构完全相同，仅尺寸大小不同，可以按任一规格的零件建立模板；若零件是相似的，存在局部结构上的差异，一般应按最复杂零件建立模板，并通过一定的机制实现零件形状的变异。零件模板主要包括零件的参数和零件的参数化特征模型。

参数化设计中，一个零件应该确定哪些参数，是由设计要求、国家标准等因素综合决定的，因不同零件而异。工程设计中很多零件是标准件，这些零件在设计中经常用到，但并不需要用户自行设计，对于这些标准件的参数，国家标准都有严格的规定。所以对标准件而言，参数的确定与国家标准保持一致即可。

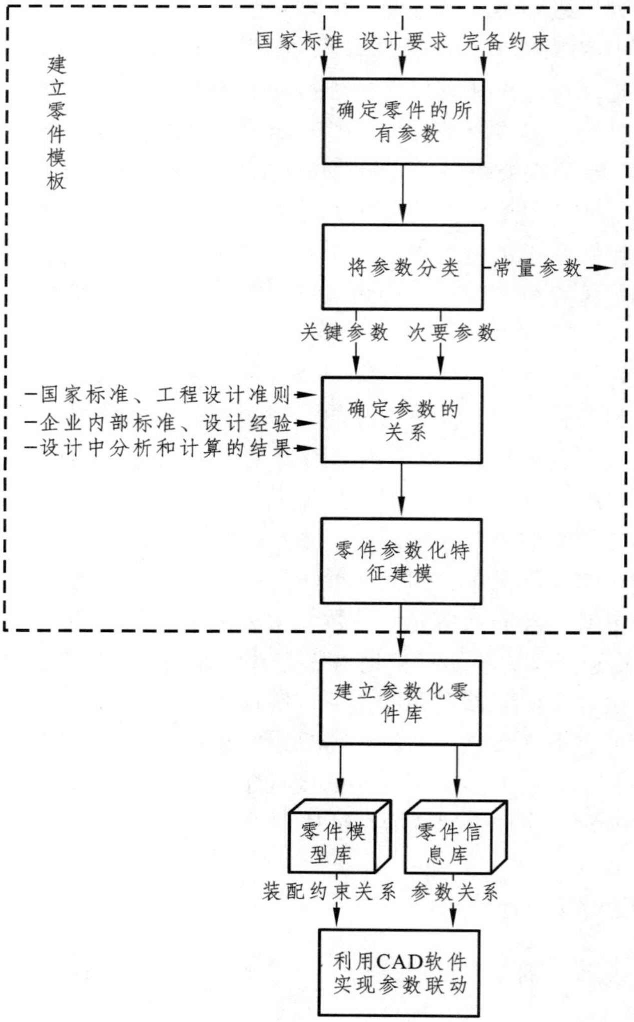

图 4.6　参数化设计流程

设计中更多的零件是非标准件。对于这些零件，若零件上存在标准结构，如螺纹孔、键槽等，必须按国家标准确定参数，而其余参数的确定则由零件的具体设计要求决定。合理确定的参数应该对零件构成完备约束，即在这些参数基础上可以顺利完成零件的设计，而不能是欠约束或过约束。在通用 CAD 软件中按所确定的零件参数建立零件模型后，可以方便地验证约束的完备性。

在零件的参数化设计中，真正驱动设计修改的是关键参数，次要参数由关键参数决定，常量参数保持不变。如果根据特定产品的设计实际，提炼出产品各零件内在的参数关系，确定零件的关键参数、次要参数和常量参数，则零件的参数化设计可以进一步简化，只需在设计中给关键参数赋值，进而部件/产品级参数化设计时所需的参数也大大减少。

零件中常量参数的确定一般比较容易，而关键参数和次要参数的确定有一定的原则：

（1）设计的性能要求所决定的参数、决定主要形状结构的参数、存在装配约束的参数可以作为关键参数。

（2）必须保证零件中所有次要参数都可以直接或间接地与关键参数发生联系。

2）零件参数化建模

在零件的参数确定以后，就可以在此基础之上，建立零件的参数化特征模型，并在模型中生成与参数相对应的尺寸，系统自动将这些尺寸作为设计变量，根据国家标准或设计计算的结果给这些尺寸赋值，通过尺寸驱动设计修改，实现零件参数化设计。

零件模型中的尺寸与已经确定的零件参数相对应，尺寸形成于建模过程中，具体来说形成于标准特征和用户自定义特征的创建过程中。一般通用 CAD 软件中，建模时尺寸的形成有两种方式：一种是系统根据特征生成过程自动生成，如倒圆角的半径、拉伸的距离等；另一种是由用户通过标注的方式交互地指定，如草图特征中用户标注的尺寸等。由于同样的零件可以有很多种建模方法，相应地会产生很多不同的尺寸方案，所以必须根据确定的零件参数，合理地确定建模方法，并进行合理的尺寸标注。对于少数无法用尺寸显式描述的参数，系统无法生成相应的设计变量，只能通过程序驱动法来实现，将这些参数作为程序中的变量，在程序中为其赋值。

建立一个具体零件的模型时，首先要对该零件进行分析，从整体上审视零件，根据零件的形状和已经确定的零件参数，初步形成对该零件的建模策略。必须确定需要创建哪些特征，这些特征创建的顺序和内在联系，以及每个特征具体的创建方法。创建零件模型的过程是一个特征逐步积累的过程，直至整个零件模型的完全建立。

3）建立参数化零件库

要实现特定产品零件的参数化设计，必须通过对 CAD 软件进行二次开发，建立产品的参数化零件库，以后在设计库中选择已有的某个零件时，只需通过应用程序直接从库中调用，进行参数驱动，这样减少了重复劳动，提高了设计效率，也有利于设计数据的统一使用和管理，并且建立参数化零件库也是实现部件/产品整体参数化设计的必然要求。零件建库工作已经成为 CAD 软件二次开发的一项重要工作。

零件建库的规模由实际需要而定。从满足整个行业的需求的角度，零件库一般分为标准件库和相似零件库，但在实际工作中，对于特定的企业，只需针对本企业产品的设计需要，建立产品零件的参数化库即可。

对于传统的不支持参数化功能的CAD系统，最初的建库方法是建立产品所有零件的模型，即使零件形状结构完全相同，仅尺寸不同，也需分别建立模型，有一种规格的零件，就有一个模型与之对应。这种零件库体系庞大，维护困难，应用价值不高。后来发展了程序库的方法，即编制零件的绘图程序，零件库实际上由各零件的绘图程序组成，每次设计零件时都根据具体尺寸由程序动态地绘制出零件，这种方法虽然可以缩小库的规模，但工作量还是较大，程序编制复杂。

自从参数化 CAD 系统大量应用以后，建立零件库就变得简单了，采用参数化建库的方法，只需建立较少的模型，编制较少的程序，就能满足零件参数化设计的要求，信息存储量小，占用资源少，便于使用、维护和管理。特定产品的参数化零件库，主要由产品各零件的模板组成，零件模板主要包含零件的参数信息和零件的参数化特征模型信息。

2. 部件参数化设计

对于复杂产品，要实现其整体参数化设计的难度是相当大的。如果根据产品的功能和企业的生产组织特点，将产品分解为一系列的部件，则可使复杂的参数化问题得到简化。部件是由完成同一使命的零件组合在一起构成的一套协同工作的整体。部件和产品归根结底都是由若干个零件组成的，在参数化 CAD 中都可以视为装配体。

由于零部件之间复杂多样的关系使产品成为具有一定结构和功能的系统，零部件之间的关系是实施相关修改的基本依据。一般来讲，在机械产品中，零部件之间具有如下关系[14]：

1）层次关系

层次关系在产品中是显而易见的，零件与零件组装构成部件，部件与部件、零件组装构成产品。

2）继承关系

继承关系也称为派生关系。例如同一零件的高版本与低版本之间具有继承关系，而在同一个产品中用到同一零件不同版本的可能性是存在的。

3）装配关系

装配关系主要是指零部件之间的定位关系、连接关系和运动关系。当两个零件或部件通过上述一种或多种关系联系起来时，两者就具有了约束关系。

由于存在版本管理机制，所以在相关修改中，继承关系一般可以忽略，层次关系在相关修改时一般也是不可用的，而装配关系是建立约束关系的基础，是实现相关修改的关键。

采用基于装配约束的参数化设计方法，可以实现部件的参数化。其基本思想是：在参数化零件的基础上，引入零件的装配关系作为约束，合理地建立零件之间的装配约束关系，以确保零件之间正确的相对位置关系；同时，建立零件相互关联的参数之间的关系，以保证参数之间能够联动。这样就可以实现相关修改，在此基础上建立部件的装配模板，最终实现整个部件的参数化设计[15]。

基于装配约束的参数化设计首先需要创建参数化的零件库，在参数化零件的基础之上，还需引入零件的装配关系和相关参数的函数关系，在组成部件的各个零件之间架起联系的桥梁。

最简单的装配模型是两个零件之间的装配，两个零件之间的数据传递与依赖关系如图 4.7 所示，复杂装配模型内的数据关系可由此类推。

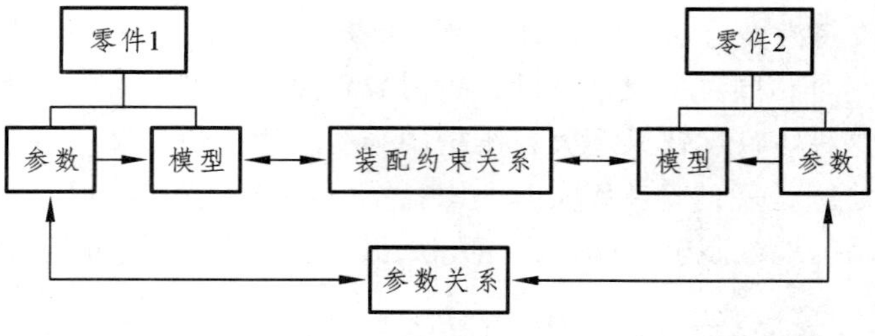

图 4.7　两个零件之间的数据传递与依赖关系

在合理地添加组成部件的各零件的装配约束以后，后续的设计中可以不必再考虑如何满足零件之间的装配位置关系；能否实现部件的整体参数化，关键在于能否实现相关参数的联动。

所谓参数联动，是对部件中与装配有关的零件参数的要求，即在部件参数化设计中，对于有相互装配关系的零件参数，要求其变化应该相互关联，当相互配合的参数中任一个参数发生变化时，能引起其他参数自动发生相应变化，以满足装配关系。

部件中零件的各种尺寸参数一般可分为两类[13]：一类是内部参数，是指零件或子装配中与上一级装配无关的参数，这类参数不存在零件间的关联；另一类是关联参数，是指构成某一级装配的若干零件或子装配间，与装配相关的参数，这些参数必须进行关联，以实现联动。

部件参数化设计中实现参数联动的方式有两种：

（1）利用 CAD 软件的自身功能实现参数联动。

不同的 CAD 软件，实现参数联动的具体方法有所不同，以 SolidWorks 为例：

一种方法可以利用添加函数表达式的方法建立参数关系。这类关系不但可以作用于同一个零件的不同参数之间，也可以作用于装配体中不同零件的关联参数之间。建立部件中各组关联参数的函数关系，就可以实现关联参数的联动，相互关联的参数一变则全变。

另一种方法是利用 SolidWorks 装配体设计的自上而下的设计功能，即在装配体设计环境中设计零件，当某零件设计完成以后，再设计某一个与之配合的新零件，该新零件与已有零件配合部分的特征可利用已有零件的设计结果，这样自动在两零件之间建立了参数的关联。

（2）通过应用程序建立参数关联。

针对在 CAD 内部实现参数关联的不足，可以在 CAD 外部，通过应用程序实现参数关联。其方法是建立零件的关联参数之间的函数关系表，在设计中通过用户交互的方式，激活应用程序的检查关联机制，根据函数关系表对零件的关联参数进行验证，如不满足函数关系，则进行修改，使之满足函数关系，从而实现参数的联动。对零件之间关联参数函数关系的管理，通常在应用程序中用程序代码实现，或借助于数据库技术。这种方法可以处理比较复杂的部件的参数关联，但实现的难度稍大，而且受各 CAD 软件具体功能的影响，这种方法很难完全自动地实现。例如在 SolidWorks 中，用户在操作环境中动态修改零件关联参数时，很难通过应用程序捕捉到这一事件，因而只能通过用户交互操作来激活程序的验证机制以实现联动[11]。

参考文献

[1] 江冰. 动车组转向架关键零部件参数化设计研究与应用[D]. 北京：北京交通大学，2009.

[2] 孙家广. 计算机辅助设计技术基础[M]. 2 版. 北京：清华大学出版社，2000.

[3] 刘长荣. 齿轮实体参数化造型系统的开发[J]. 机械科学与技术，2002（6）：1034-1036.

[4] 黎启柏. 液压元件手册[M]. 北京：冶金工业出版社，2000.

[5] 贾延林. 模块化设计[M]. 北京：机械工业出版社，1993.

[6] ULRICH K. Fundamentals of Product Modularity[M]. Springer Netherlands，1994.

[7] 刘加光，黄纯颖. 通用减速器的模块化系列设计研究[J]. 机械，1994（02）：22-25.

[8] 丁明文. 风电增速齿轮箱模块化系列化的参数化设计[D]. 大连：大连理工大学，2017.

[9] IVAN E S. Sketch pad a man-machine graphical communication system[J]. Proc Spring Joint Computer Conf，1963，23（2）：329.

[10] 周茂军. 以 SolidWorks 为支撑软件的模具标准件库开发[J]. 大连轻工业学院学报，2001（12）：269-271.

[11] 乐玮琳. 机械 CAD 的关键技术——约束求解[J]. 计算机辅助工程，1999（1）：29-32.

[12] 徐剑. 反后坐装置参数化设计[D]. 南京：南京理工大学，1993.

[13] 陈酹滔. 零部件参数化设计方法研究与系统实现[D]. 南京：南京理工大学，2004.
[14] 胡健. 产品零部件相关修改的建模与实现方法[J]. 机械设计与研究，1999（4）：29-31.
[15] 张冶. 基于装配约束关系的零部件参数化设计[J]. 机械科学与技术，2003（5）：710-712.

第5章 实训项目4-复杂产品总体方案设计

5.1 实训目的

（1）了解复杂产品总体方案设计理论及技术。

（2）掌握如何在CAD软件中实现产品方案设计的基本步骤。

5.2 实训方法

本实训主要按照实训任务和指导教师的要求，完成实训内容。在实训过程中，学生在教师指导下完成分组，了解复杂产品总体方案设计的基本理论和技术知识，通过小组协作和讨论形成完整的实训步骤，并利用数字化研发实训室的软件平台，通过上机实验完成实训任务。建议流程如下：

（1）教师讲授复杂产品总体方案设计的基本理论、技术；

（2）教师指导学生进行实训分组，建议每组2～4人；

（3）学生按组进行分工，根据实训指导书建议的实训流程制定具体的实训实施方案；

（4）分组进行具体实训，包括实际对象认知、总体方案设计、上机、实训报告撰写、实训成果汇报等；

（5）教师统计并总结实训情况。

5.3 总体方案设计概述

总体方案设计位于整个产品生产过程的前期，对后续的详细设计、生产、销售、维修等环节有着重要影响，是设计过程中极其重要的一部分，是产品设计的关键。设计质量的优劣直接决定了产品的性能、成本及其在市场上的竞争力和企业的效益。一般情况下，产品设计费用只占产品总成本的5%左右，却决定了产品成本的70%～80%[1]。方案设计不仅决定着产品的质量、性能、成本、可靠性、安全性和环保性，而且产生的设计缺陷无法由后续的设计过程来弥补[2]。同时，方案设计阶段对设计人员的约束最少，可以充分发挥设计人员的经验、智慧和创造性，决定了产品的创新程度。所以，提高产品方案设计的质量是提高机械产品的市场竞争力，取得市场竞争优势的最重要的方法[3]。

随着时代的进步及市场经济的发展，产品设计的侧重点发生了变化，原来是以实现产品功能为主，在设计时很少考虑其工艺性和经济性的方面。在文献中关于经济性和工艺性的论述也不多。但是在实际生活中，一个方案设计得再好，如果难于加工，甚至不能加工，或者成本太高，没有市场竞争力，都是没有实际意义的。所以对机械产品总体方案设计进行深入研究，强调产品经济性与工艺性因素在设计中的重要作用，完善其设计体系是具有现实意义的。

目前，产品总体方案设计的方法概括起来主要有四大基本类型[2-4]：

1. 系统化设计方法

系统化设计方法是将机械系统看成一个整体系统，采用系统工程的方法进行分析和综合。这种设计方法是德国学者 Pahl 和 Beitz 教授于 20 世纪 70 年代提出的，他们以系统论为基础，制定出设计的一般模式，主张设计工作应该具有条理性和层次性。德国工程师协会在这一设计思想的基础上，制订出一套标准——VDI 2221《技术系统和产品的开发设计方法》。电机工程手册编委会[5]结合我国实际情况制定的机械产品方案设计进程模式，基本上沿用了德国的 VDI 2221 标准。

2. 结构模块化设计方法

结构模块化设计方法从规划产品的角度提出：定义设计任务时以功能化的产品结构为基础，引用已有的产品解（如通用零件部件等）描述设计任务，即分解任务时就考虑每个分任务是否存在对应的产品解，这样，能够在早期阶段就消除设计任务中可能存在的矛盾，由此提高设计效率和设计的可靠性，同时也降低新产品的成本。对于专用机械产品的设计，由于多数功能都可以采用现有的产品解，而且存在新型解的专用功能始终是少数，所以，在专用机械产品的设计中采用结构模块化设计方法是比较适用的。

结构模块化设计方法[6-8]在产品功能分析的基础上，将产品分解成具有某种功能的一个或几个模块化的基本结构，通过选择和组合这些模块化基本结构组建成不同的产品。这些基本结构可以是零件、部件，甚至是一个系统。理想的模块化基本结构应该具有标准化的接口（连接和配合部分），这些接口应该是系列化、通用化、集成化、层次化、灵便化、经济化的，具有互换性、相容性和相关性。我国结合软件构件技术和 CAD 技术，将变型设计与组合设计相结合，根据分级模块化原理，将加工中心机床由大到小分为产品级、部件级、组件级和元件级，并利用专家知识和 CAD 技术将它们组合成不同品种、不同规格的功能模块，再由这些功能模块组合成不同的加工中心总体方案[6]。

3. 基于产品特征知识的设计方法

机械产品的方案设计很难用纯数学理论进行推导，也很难建立数学模型，主要是通过对产品特征的描述，利用专家的知识和经验来进行设计、推理和决策。

基于产品特征知识的设计方法主要是用计算机能够识别的语言来描述产品特征和领域专家的设计经验，建立相应的知识库和推理机，再利用知识库和推理机来实现计算机辅助产品的方案设计。欲实现这一阶段的计算机辅助设计，必须研究知识的自动获取、表达、集成、协调、管理和使用，主要的方法有以下几种：编码法、知识的混合型表达法、利用基于知识的开发工具、设计目录法、基于实例的方法。

4. 智能化设计方法

智能化设计方法主要是根据设计方法学理论，借助于三维图形软件、智能化设计软件和虚拟现实技术，以及多媒体、超媒体工具进行产品的开发设计、表达产品的构思、描述产品的结构。

目前，对智能化设计方法的研究还处于起步阶段。吴群波[7]等利用面向对象的技术，重点研究了按时序合成的机构组合方案设计专家系统，并借助于具有高性能图形和交换处理能力的 OpenGL 技术，在三维环境中从各个角度对专家系统设计出的方案进行观察，如运动中机构间的衔接状况是否产生冲突等。

田凌[8]等利用智能型 CAD 系统 SIGRAPH-DESIGN 作为开发平台，将产品的开发过程分为概念设计、装配设计和零件设计，并以变量设计技术为基础，建立了胶印机凸轮连杆机构的概念模型。从文献介绍的研究工作看，其概念模型是在确定了机构型数据综合的基础上，借助于软件 SIGRAPH-DESIGN 提供的变量设计功能，使原理图随着机构的结构参数变化而变化，并将概念模型的参数传递给下一级的装配模型、零件设计。

上述各种方法并不是完全孤立的，各类方法之间都存在一定程度上的联系，如结构模块化设计方法中，划分结构模块时就蕴含有系统化思想，建立产品特征及设计方法知识库和推理机时，通常也需运用系统化和结构模块化方法，此外，基于产品特征知识的设计同时又是方案智能化设计的基础之一。在机械产品方案设计中，视能够实现特定功能的通用零件、部件或常用机构为结构模块，并将其应用到系统化设计有关层次的具体设计中，即将结构模块化方法融入系统化设计方法中，不仅可以保证设计的规范化，而且可以简化设计过程，提高设计效率和质量，降低设计成本。

5.4 产品总体方案的生成

1. 总体方案设计的原则、要求和特点

1）总体方案设计的原则

• 功能原则。

总体方案需要满足产品的功能要求。

• 需求原则。

产品的功能来源于市场需求，满足市场需求是所有设计的出发点。

• 系统原则。

每个产品与其应用环境构成一个大系统，设计时不仅要考虑产品自身，还要考虑其与周围环境的联系。

• 安全原则。

产品必须满足相关的安全可靠性指标，且在设计中必须避免工业环境中的各种危险来源（电源、辐射、有害材料等）和危险操作。

• 经济性原则。

经济性原则是产品总体方案设计的最终原则，在保证实现产品功能和质量的前提下，应尽可能降低产品的寿命周期成本，提高产品的经济性（特殊设计目的的产品除外，如具有政治、军事、外交等意义的产品）。

• 工艺性原则。

工艺性原则包括加工工艺性、装配工艺性、运输工艺性、维修工艺性和保养工艺性。其中，加工工艺性是指要选择耗费工时、材料、成本最少的加工方法。装配工艺性是指提高产品零部件的标准化和通用化程度，方便产品的装配，此外，还应该考虑提高产品的装配效率、质量和经济性。运输工艺性是指产品在设计时就要考虑其是否方便运输到目的地。维修工艺性和保养工艺性则要求产品在使用期间具有良好的维护性和使用性，在高效工作的同时节省维护费用。

• 宜人性原则。

产品的总体设计方案要符合操作人员的作业习惯，尽量避免人和机械设备的不适应而产生误操作造成事故。

2）总体方案设计的要求

• 满足环境约束条件。

• 满足设计任务书中提到的所有功能要求。

• 运动形式、运动协调性和运动精度等满足工艺性要求。

• 满足经济性要求。

3）总体方案设计的特点

• 创新性。

产品总体方案设计阶段的约束较少，具有最大的创新空间。

• 多样性。

产品总体方案设计阶段的约束较少，设计更具发散性，因此总体方案设计步骤和设计结果具有多样化。

• 反复性。

随着设计的逐步细化，得到的设计方案可能不符合设计要求，这时就会出现设计的反复[9]。

• 层次性和系统协调性。

整个系统是由若干个功能不同的子系统构成的，各个子系统之间有着相互作用、相互制约的特定关系，要协调好局部最优和整体最优的关系[10]。

• 环境相关性。

任何系统都是存在于一定的社会和物质环境中的，环境变化必将引起系统输入的变化，从而也导致其输出的变化。所以要在调研的基础上，弄清楚外部环境对该机械系统的作用和影响。

• 模糊性。

总体方案设计阶段信息的不完整、不一致、不精确等特性使得难以对该阶段进行准确定量的描述，具有一定的模糊性。

5.5 总体方案设计的内容

不同的复杂产品总体方案设计的重点不尽相同，但主要包括以下内容，如图 5.1 所示。

1. 总体布局设计

机械系统的总体布局必须要有全局观点，不仅要考虑机械产品本身的因素，还要考虑人-机关系、环境条件等各种外在因素的影响，按照简单、合理、经济的原则，具体确定产品中各零部件之间的相对位置关系及它们之间的相对运动关系。总体布局设计应力求达到以下目标[11,12]:

（1）功能表达合理，总体布局设计应该有利于产品功能的实现。

（2）结构紧凑、层次清楚，采用紧凑的结构不仅可以节省空间，减少零部件，还可以带来简单、美观的外形。

（3）比例协调、外形美观。

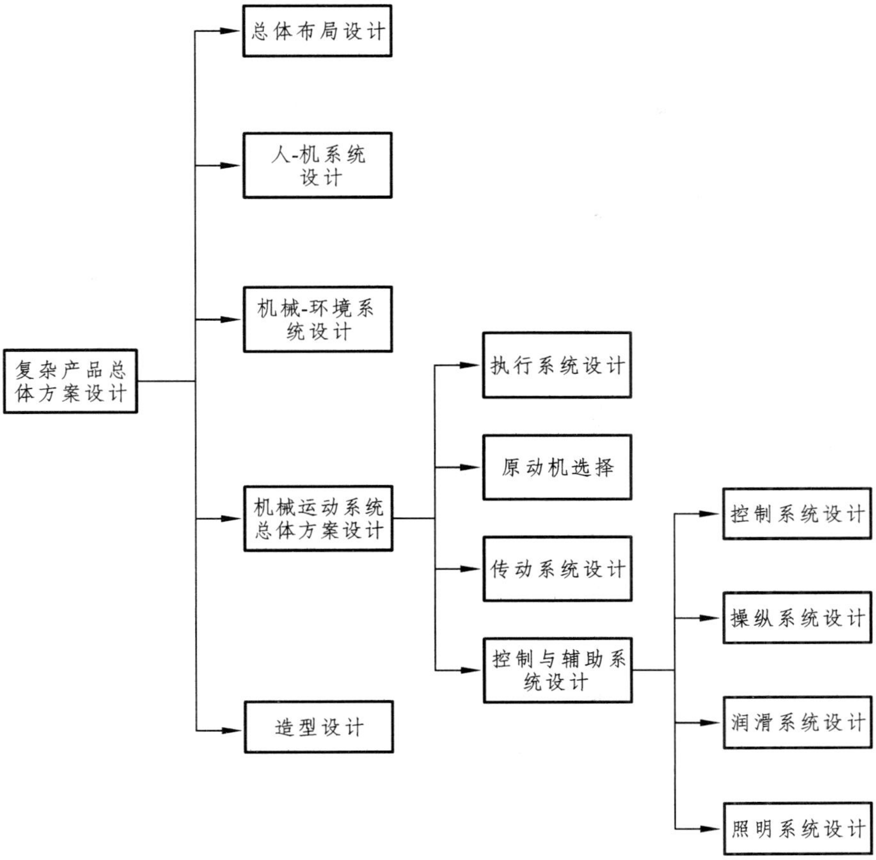

图 5.1　复杂产品总体方案设计的内容

（4）经济实用，合理的总体布局可以减少安装费用和使用费用，且总体布局设计要考虑产品的维护和修理，便于工作人员的维修操作。

（5）传动路线简短、直接，传动效率高，管路等线路的布置要简洁。

2. 人-机系统设计

产品在运行过程中，需要人的操作和控制，即使是自动化设备也离不开操作人员。产品的技术参数及结构与人的生理、心理习惯相互协调得越好，则认为产品越好。进行人-机系统设计的主要目的是获得操作的顺畅性和一致性，尽量减少操作人员动作的复杂性，同时，要减少操作人员在视觉、记忆和逻辑思维方面的负担，降低错误操作的概率，使操作人员在较短的时间内，经过简单的学习就可以对产品进行熟练操作。

3. 机械-环境系统设计

机械产品始终是处于外界环境中的，所以外界环境对机械产品的工作性能、运行稳定性等指标会有一定的影响，同时，产品的运行也会对周围的环境产生影响，即机械产品与环境系统之间是相互影响的。

在机械-环境系统的设计中，一般情况下，要考虑以下三个方面的内容：

1）工作环境的设计

工作环境的设计首先要保证的就是操作人员的健康及安全，场地的布置要疏密适当，保证视野的开阔；为工作环境和机器设备选择颜色的时候要注意色泽的选取，要给人以舒适感，注意对安全色的处理；场地照明灯的亮度要合适，需符合最佳视觉感受的要求；工作环境中尽量远离危险来源，如高压电源、辐射等，在危险处设置醒目的提示图形或标语。

2）环境适应性设计

设备对自然环境和工作环境应具有一定的适应能力。机械产品除了常规的防尘、防腐、防爆等设计外，还要根据具体的工作环境设计防护措施。

3）降低产品对环境的污染

机械产品对环境的污染主要体现在噪声、振动和“三废”（废水、废气、废渣）排放的问题上。工业“三废”和一些具有放射性的材料、粉尘等会对环境造成严重的污染，根据国家相关法律规定要进行综合治理。

4. 机械运动系统总体方案设计

机械运动系统一般是由动力源、传动系统、执行系统和控制与辅助系统等部分组成的，由于其本身具有明显的系统性和层次性，故可以将机械产品总体方案的设计划分为四个子系统的设计，然后进行综合。

1）执行系统的方案设计

执行系统是整个机械系统中的核心部分，关系到系统动力和运动的输出，所以要求执行系统具有足够的动力输出、动作准确、反应速度快、易于控制、安全可靠等特点。执行系统的主要任务就是完成产品提出的特定功能，所以设计时首先要满足动力、运动规律和运动协调性的要求；在满足功能要求的前提下，尽量缩短传动链，以减少机构和运动副的数目，从而提高机械效率，降低成本；应优先选用结构简单、工作可靠、便于制造和效率高的方案；尽量采用标准化、系列化及通用化的零部件，降低产品的成本，提高产品零件的互换性。

2）原动机的选择

机械产品设计的根本是将原动机（电动机、马达等）的旋转运动转换成执行部件的特定运动，并满足执行件动力、速度、位置等参数的要求，实现功率的传递。其中，原动机是将电能、液压能等其他形式的能量转化成机械能的装置，在机械系统中起到提供动力的作用。

在选择原动机的时候，其机械特性和性能指标应与机械系统的负载特性（包括功率、转矩、转速等）相匹配，以满足系统稳定运行的要求，而且原动机必须满足机械系统启动、停止及发热的要求，具有一定的过载能力。同时，原动机应适应工作环境条件，如能源供应情况、环境保护要求等；在满足工作机要求的前提下，原动机应具有较高的性价比，运行稳定可靠、寿命合理、成本较低。

3）传动系统的方案设计

机械传动系统将原动机与执行系统连接起来，承担了动力和运动的传递任务，是机械产品的基本组成部分，而且对于大多数的机械产品也是其主要组成部分。

机械传动系统的设计是在执行系统方案设计以及原动机的选择之后进行的，可根据执行机构所需的运动和动力条件及原动机的类型和性能参数，来进行传动系统的方案设计。一般情况下，首先需确定传动系统的总传动比，选择传动类型、传动链的方案设计并绘制传动系统运动简图，然后分配传动比，计算传动系统的性能参数，确定各级传动的基本参数和主要几何尺寸，最后绘制传动系统简图。

4）控制与辅助系统的设计

控制系统的设计方法：设计控制系统时，首先要充分了解被控对象、执行机构以及构成控制系统的所有元件的运动规律，了解系统外干扰的性质和特点以及对被控对象产生的影响；然后提出控制系统设计的基本技术要求和性能指标，根据被控对象及其负载特性和控制系统所采用的元件，拟定控制系统图；建立各环节和整个系统的数学模型，并做必要的简化；进行系统的稳定性分析；利用系统的数学模型和仿真软件进行研究，得出一个最优的方案；按照仿真出来的最优方案选择合适的传感器、比较器、放大器以及相应的传感检测设备。

操纵系统的设计方法：操纵系统是将人和机械联系起来，使机械按照人的指令工作的机构和元件所构成的总体。设计操纵系统时，首先要确定操纵系统的主要参数（操纵力、操纵行程和传动比）；其次，根据设计任务要求，选择操纵件、执行件和传动机构的方案，确定主要设计参数；再次，在确定原理方案的基础上，形成各个组成部分的形状和尺寸；最后，为操纵系统加入定位、互锁和安全保护装置。

经过执行系统、原动机、传动系统与辅助控制系统的方案设计，可以得到若干个机械产品的总体方案，之后应该利用科学的评价和决策方法，评出最优方案作为后续详细设计的基础。

5. 造型设计

在市场经济条件下，机械产品的竞争越来越激烈，除机械运动系统的设计外，造型设计得到越来越多的重视。在同类产品中，当性能和价格相差无几时，让客户“一见钟情”的产品绝对拥有强大的竞争力。由此可见，造型设计是机械产品总体设计的一个重要方面，直接影响产品的竞争力。

机械产品的造型设计是运用科学原理和艺术手段，通过一定的技术和工艺来实现的。进行造型设计必须以产品的功能为基础，依据一定的物质条件去构成具有美的外观形象，为此必须将工业美学原理应用于机械的产品设计，来展现产品的艺术性和精神功能[13]。

造型设计时需考虑的因素有：

（1）总体造型要清晰，层次分明，充分考虑各部分的均衡、稳定以及比例关系，尽量取得良好的视觉效果；

（2）在确定产品造型的几何参数和布局时，要注意“人-机”关系的协调，操作部位、运动轨迹以及操作人员的姿势变化、施力大小、动作的准确程度等方面应与人体机能相适应；

（3）造型和色彩的设计应该有利于功能的表达，充分体现功能的合理性、宜人性、环境适应性以及形象美观等特点；

（4）造型设计时全面考虑产品结构、材料、工艺等条件，将这些与工业美学结合起来，以设计出具有时代感和企业特色的产品；

（5）铭牌、商标和操作面板设计要醒目、形象，文字应尽量少，而形象化符号应尽量多，符号要易于辨认，配置应得当；

（6）外部造型应力求精美，形体要合理，线条应简洁、明快，能适应人们的生理、心理和环境的要求，同时还要具有良好的工艺性。

以高速列车为例，张海柱等[14]提出了一种基于实例推理的高速动车组总体方案设计方法，首先对动车组总体方案设计实例知识进行表达，形成动车组总体方案设计实例库，然后结合层次分析法与基于最邻近的相似度计算方法来检索相似实例，在选取相似实例的基础上进行修改重用，最后开发了相应的用户界面，提高了总体方案设计的可视性。动车组总体方案设计的内容及流程如图 5.2 所示。

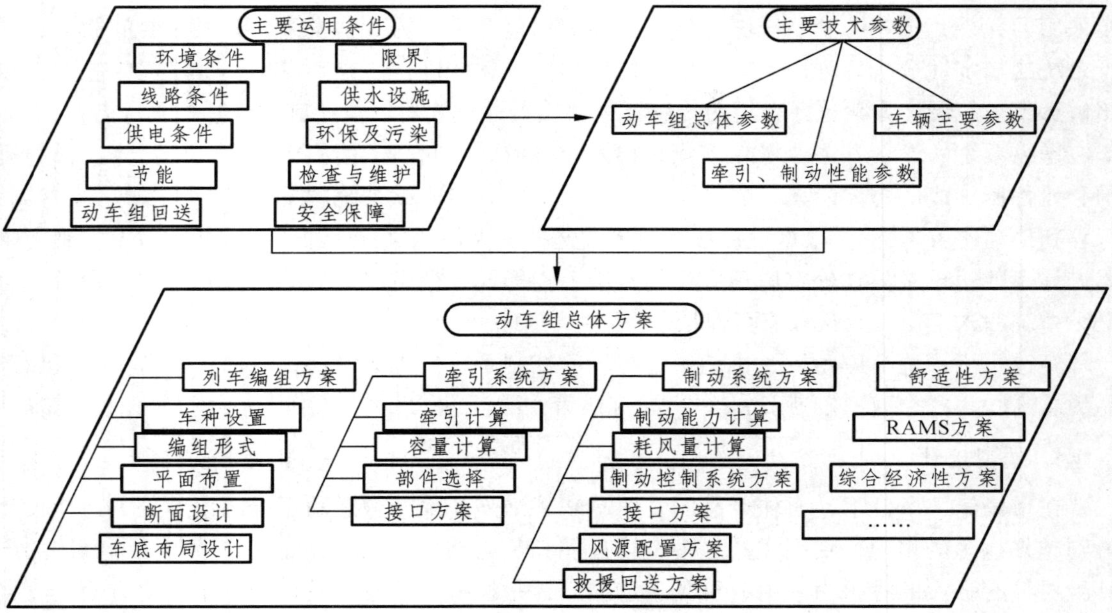

图 5.2　动车组总体方案设计内容及流程

基于实例推理的动车组总体方案设计流程如图 5.3 所示，首先分析用户需求，识别出设计参数和评价参数，采用相似度计算来匹配检索相似实例，得到初步的动车组总体设计方案，然后对设计参数完全匹配的方案进行评价，依据评价结果，有满足设计指标要求的实例，则直接重用并输出该方案，若不满足设计指标要求，则提取相似方案实例进行修改，直至满足设计指标要求，若方案的设计参数不完全匹配，则输出最相似动车组总体方案设计实例进行方案修改，最后通过评审输出最终方案并作为新的实例存储于方案实例库中。

5.6　总体方案的评价与决策

在总体方案设计阶段，设计方案的形成是一个复杂的、创造性的、不确定的、多因素的过程，一般都会产生多个候选设计方案，因此，建立设计方案的评价模型和评价指标体系，研究适合于产品设计方案的多参数、多层次、多目标的评价方法，是产品全生命周期质量评价工作的重要组成部分[15]。

目前，常用的评价方法有层次分析法、模糊综合评价法、灰色关联分析法、理想解法、VIKOR 法等，这五种评价方法的优点和缺点如表 5.1 所示[16]。

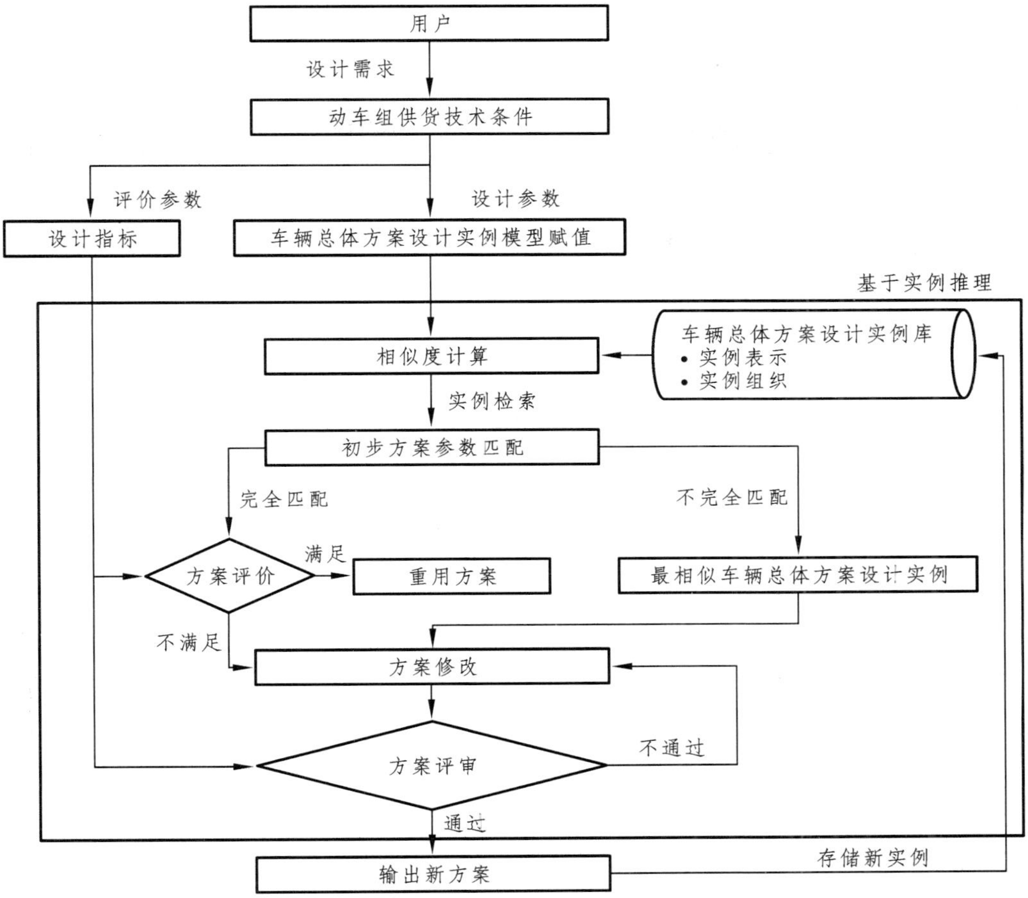

图 5.3 基于实例推理的动车组总体方案设计流程

表 5.1 传统评价方法优缺点

方法名称	优 点	缺 点
层次分析法	① 可将定性指标定量化； ② 分层赋权，用组合权重计算综合权重，减少传统主观定权的偏差； ③ 可以进行横向、纵向比较，便于找出不足之处，为评价对象的改进提供依据	① 不能为决策提供新方案； ② 定量数据较少，定性成分较多，不易令人信服； ③ 指标过多时数据统计量大，且权重难以确定； ④ 通过分层加权组合赋值后，指标值被弱化
模糊综合评价法	① 以处理不确定、不完整的信息； ② 适用性强，可处理定性或定量问题	① 只考虑了主要因素的作用，忽视了次要因素，使评价结果不够全面； ② 当指标数较多时，权向量 $\boldsymbol{W}$ 与模糊矩阵 $\boldsymbol{R}$ 不匹配，易造成评判失败； ③ 评价结果具有较强的主观性

续表

方法名称	优　点	缺　点
灰色关联分析法	对样本数据量和样本分布规律没有严格要求，计算简便	① 当参考序列、比较序列和分辨系数的取值不同，灰色关联度值的结果也会发生变化； ② 不能很好地解决重复评价信息问题，指标对评价结果的影响大
理想解法	① 对样本数据无特殊要求，计算量小； ② 可对备选方案进行优劣排序； ③ 比较充分地利用原始数据，与实际情况比较吻合	① 只能对每个评价对象的优劣进行排序，不能分档管理，灵敏度不高； ② 当两个评价对象的指标值关于最优方案和最劣方案的连线对称时，无法得出准确的结果
VIKOR 法	① 无须对样本数据进行规范化处理； ② 最终排序结果并不受同一属性对应单位不同的影响	要求准则权系数和准则值确定，在实际决策中很难做到

此处，主要介绍一种基于层次分析的模糊综合评价法，有以下 6 个步骤：

1. 确定评价指标集

$\boldsymbol{U}=\{u_1, u_2, \cdots, u_i, \cdots, u_n\}$，$u_i$ 表示第 i 个评价指标，评价指标集应该由多个专家确定，以求全面、合理，具体评价指标可从表 5.2 中选取。

表 5.2　复杂产品总体方案设计评价指标

个性化指标	客户设计参与度
	产品外观造型
	产品传动效率
	产品动力性能
	产品操作方便
经济性指标	设计成本
	制造成本
	使用成本
	维修成本
技术可行性指标	零件标准化程度
	结构相似程度
	制造复杂程度
市场指标	供应商综合实力
	同行业竞争力
生态环境指标	环保性
	节能性

2. 确定评价等级集合及隶属度函数

$V=\{v_1, v_2, \cdots, v_i, \cdots, v_m\}$，$v_i$ 表示第 i 种等级，m 表示评价等级的总数。对 U 中的评价指标进行等级评价，一般可以分为“很好”“好”“一般”“差”“很差”五个等级，也可以分为“很好”“好”“较好”“一般”“较差”“差”“很差”七个等级。

请 k 个专家，分别对 U 中各指标做出评价，且只能选择其中一个等级，采用模糊统计求隶属度函数，隶属度向量为 $\boldsymbol{M_i}=(x_{i1}, x_{i2}, \cdots, x_{ij}, \cdots, x_{im})$，$x_{ij}$ 表示多个评价人员对某一评价对象在 u_i 方面做出 v_j 评价等级的可能性大小。

3. 确定评价矩阵

由第 2 步求得的若干个隶属度向量 $\boldsymbol{M_i}$ 构成评价矩阵 $\boldsymbol{R}$。

$$\boldsymbol{R}=\begin{bmatrix} x_{11} & x_{12} & \cdots & x_{1m} \\ x_{21} & x_{22} & \cdots & x_{2m} \\ \vdots & & & \\ x_{n1} & x_{n2} & \cdots & x_{nm} \end{bmatrix} \tag{5.1}$$

4. 确定权数分配集

权数是对各个评价指标相对重要性大小的估测，权数的分配集用 $\boldsymbol{A}$ 表示。

$\boldsymbol{A}=(a_1, a_2, \cdots, a_i, \cdots, a_n)$，式中，$a_i>0$，且 $\sum_{i=1}^{n}a_i=1$。

5. 计算模糊决策集

在确定评价矩阵 $\boldsymbol{R}$ 和权数分配集 $\boldsymbol{A}$ 后，令模糊决策集：

$$\boldsymbol{B}=\boldsymbol{A}\cdot\boldsymbol{R}=(b_1, b_2, \cdots, b_i, \cdots, b_m) \tag{5.2}$$

其中，对模糊运算的合成算子符定义不同，则对应的模糊综合评价模型不同，四种模型的应用条件如表 5.3 所示。

表 5.3　模糊算子的比较

比较内容	算子			
	$\boldsymbol{M}(\wedge, \vee)$	$\boldsymbol{M}(\cdot, \vee)$	$\boldsymbol{M}(\wedge, \oplus)$	$\boldsymbol{M}(\cdot, \oplus)$
体现权数作用	不明显	明显	不明显	明显
综合程度	弱	弱	强	强
利用 $\boldsymbol{R}$ 的信息	不充分	不充分	比较充分	充分
类　型	主因素决定型	主因素突出型	不均衡平均型	加权平均型

表中，“∧”“∨”“·”和“⊕”分别表示取小、取大、乘法和有界和运算。

模型 1：$\boldsymbol{M}(\wedge, \vee)$

$$b_j=\max\{\min(a_i, r_{ij})\} \tag{5.3}$$

模型 2：$\boldsymbol{M}(\cdot, \vee)$

$$b_j=\max\{a_i r_{ij}\} \tag{5.4}$$

模型 3：$\boldsymbol{M}$（∧，⊕）

$$b_j = \min\left\{1, \sum_{i=1}^{n} \min(a_i, r_{ij})\right\} \tag{5.5}$$

模型 4：$\boldsymbol{M}$（·，⊕）

$$b_j = \min\left(1, \sum_{i=1}^{n} a_i r_{ij}\right) \tag{5.6}$$

四种模型中，只有模型 4 中的 a_i 具有权数的意义，其他三种均没有权的含义。根据最大隶属原则进行综合评价决策时，对于总体方案的综合评价而言，$\boldsymbol{M}$（·，⊕）是最为合适的模型。

6. 模糊综合评价

对于只有一个机构的机械产品方案，可以按照上述步骤计算出各方案的模糊决策集 $B_1^*, B_2^*, \cdots, B_N^*$，然后综合评价它们的优劣，选出最佳方案。

对于由若干子系统组成的机械产品方案，同样可以按照上述方法，先求出一个方案中 P 个子系统的模糊决策集 B_1，B_2，…，B_P，然后确定各子系统的综合权数分配集 $\boldsymbol{A}_{综}$，最后计算这个方案的模糊综合决策集 $\boldsymbol{B}_{综}$：

$$\boldsymbol{B}_{综} = \boldsymbol{A}_{综} \cdot \boldsymbol{R}_{综} = \boldsymbol{A}_{综} \begin{bmatrix} B_1 \\ B_2 \\ \vdots \\ B_P \end{bmatrix} \tag{5.7}$$

5.7 基于模块化的总体方案设计实训流程

基于模块化的产品方案设计实训包括设计任务分解、模块选择、模块组合、布置设计、运动仿真、评价及再设计等内容，每一部分的具体任务如下：

任务分解：根据客户的要求，定义总的设计任务，并将总任务分解为一系列可以用模块实现的子任务。

模块选择：根据子任务的要求，从模块库中选择模块，以构成产品的组合方案。如果模块库中没有所需的模块，则提出新模块的设计要求，而后将新的模块信息再补充存入模块库，以不断充实模块库。

模块组合：根据子任务进行模块选择后，通过一定的组合算法进行组合，并判断模块之间的可连接性，得出各种可实现的总体方案。

布置设计：对各种可实现的总体方案进行模块实体的布置和装配设计，生成产品总体布置图。

运动仿真：对产品的总体设计结果进行运动干涉检查和动作协调性检查，以避免模块之间的碰撞等问题。

评价决策：当模块组合得到多种方案时，利用一定的评价决策方法从多方面进行方案选择，以得到满足用户要求的最佳方案。

1. 产品方案设计基本方法

基于模块的产品总体方案设计可以归结为两个相反的过程，即分解和组合。分解是根据被加工对象的工艺信息和用户要求定义产品总功能及性能要求，确定产品总体方案形式和主要性能参数、特性参数值，并将其分解成一系列易于实现的子任务；组合是根据子任务要求选择出所有满足要求的模块，并通过模块综合，组合出多个可实现的产品总体方案。基于模块的产品总体方案设计基本步骤如图 5.4 所示。

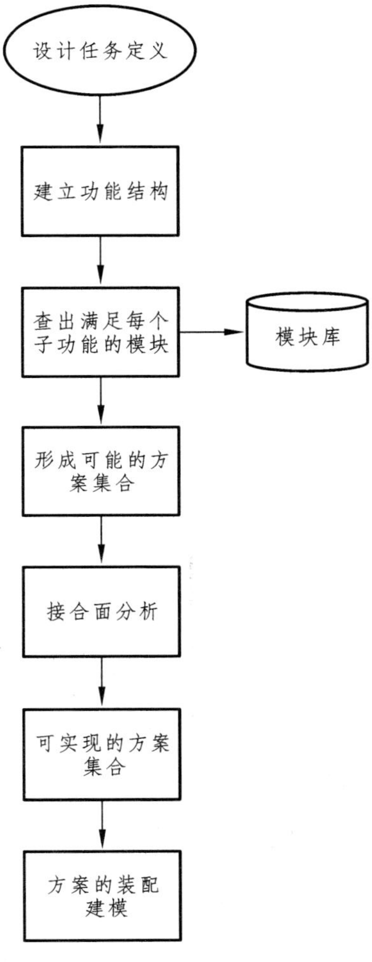

图 5.4　产品总体方案设计步骤

（1）根据产品总功能和性能参数将总任务分解成一些相对简单的子任务；

（2）根据子任务的功能和性能参数的要求查出满足要求的模块；

（3）由于满足某一子任务要求的模块往往不止一个，故可形成多个组合方案；

（4）进行模块接口分析，确定可实现的组合方案；

（5）建立方案的装配模型。

2. 产品方案评价

方案的评价既是方案选用的依据，也是决定是否需要再设计的前提。评价在设计过程中起着非常重要的作用。模块化设计方案的评价有以下两种类型：

1）可行性评价

评价解答方案与所提问题的各项要求的相符程度，即方案是否满足每一项要求。可行性评价比较简单，其目的是从众多的设计方案中排除那些不可行的方案，留下可行的方案，有效地减轻方案综合指标评价的工作量。

2）综合指标评价

在单项指标评价的基础上，对指标体系进行综合评价，评选出一些总体上较为满意的方案。评价方法主要可分为三类，即：

·基于数学分析的系统化评价方法：运用数学工具进行分析、推导和计算，得到定量的评价参数供决策时参考。

·实验评价方法：通过模型试验或样机试验对产品的重要评价目标进行试验评价。通过试验评价，一般可得到较准确的定量结果，但所需费用较高。

·基于现代信息技术的仿真评价方法：仿真技术是以相似原理、系统技术、信息技术以及仿真应用领域的有关专业技术为基础，以计算机系统、与应用有关的物理效应设备及仿真器为工具，利用模型对系统进行研究的多学科的综合性的技术。

3. 产品方案再设计

在对所有的设计方案进行评价之后，如果不存在满意的设计方案，必须进行再设计。模块化产品方案再设计策略如图 5.5 所示。模块化产品方案再设计过程分为内外两个循环。内循环是利用已有的方案进行修改，使其满足预定的要求。内循环实际上是按照基于实例的思想进行再设计的，通过选择一种较好的设计方案，在此基础上对其不能满足要求的方面进行修改，修改的方法是从其他方案中选出一个此方面设计的较好的实例，并将此实例用于要修改的方案，从而产生新的方案。外循环是整个方案设计过程，包括从设计任务分解、模块选择、模块组合到方案形成的过程。

当评价结果不存在满意方案时，首先进入再设计内循环，试图通过对已有方案优点的综合，使方案达到满意的程度；但如果已有方案中的所有方案在某一方面都不能满足要求，说明初始设计缺少这方面的约束，必须增加约束重新进行设计，这时进入外循环，重复初始方案设计过程。无论是内循环还是外循环，其结果都必须再次经过评价，满意者输出，不满意则再次进入循环。

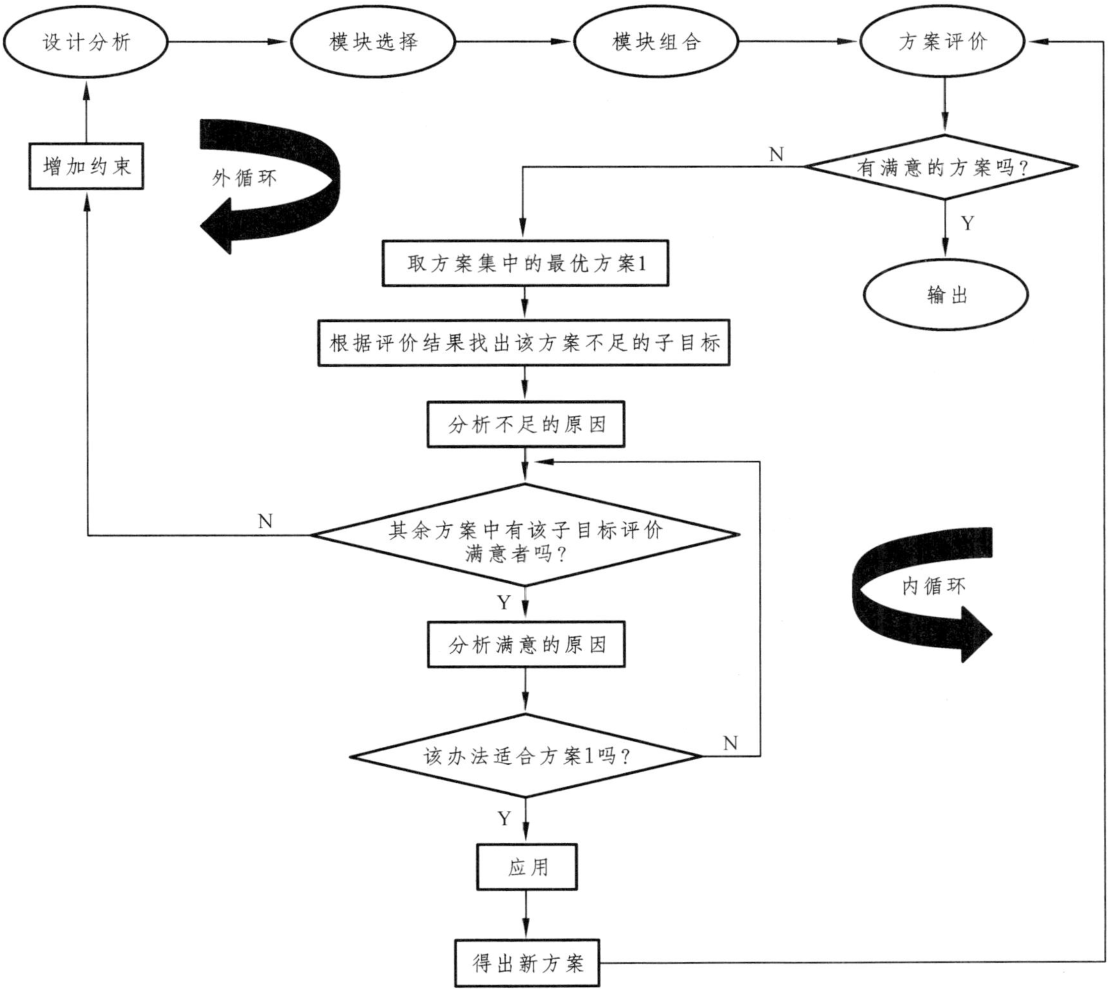

图 5.5　模块化产品方案再设计策略

参考文献

[1] 耿跃海. 产品开发中的成本设计[J]. 工程机械，2003（01）：32-35.

[2] WYNNE H, IRENE M W. Current research in the conceptual design of mechanical products[J]. Computer-Aided Design，1998，30（5）.

[3] 谭昕. 机械产品总体方案设计的研究与应用[D]. 郑州：郑州大学，2008.

[4] 唐林，邹慧君. 机械产品方案的现代设计方法及发展趋势[J]. 机械科学与技术，2000（02）：192-196.

[5] 机械工程手册、电机工程手册编委会. 机械工程手册第四卷（第四卷）[M]. 北京：机械工业出版社，1997.

[6] 陈胜勇，计时鸣，等. 基于构件的软件设计方法及其在机械 CAD 系统中的应用[J]. 机械科学与技术，1998（03）：160-162.

[7] 吴群波，王知行，等. 基于虚拟现实的计算机辅助组合机构设计研究[J]. 机械设计，1998（11）：18-20+46-47.
[8] 田凌，童秉枢，等. 基于智能 CAD 系统的产品建模方法[J]. 机械科学与技术，1998（03）：130-132.
[9] 吴克坚，于晓红，等. 机械设计[M]. 北京：高等教育出版社，2003.
[10] 张策. 机械原理与机械设计[M]. 北京：机械工业出版社，2004.
[11] 吴柏枝. 机械设计程序与结构[M]. 北京：科学出版社，1995.
[12] 戴振东，岳林. 机械设计基础[M]. 北京：国防工业出版社，2005.
[13] 罗海玉. 基于功能分析的概念设计[J]. 机械研究与应用，2022-12，15（4）：65-67.
[14] 张海柱，黎荣，等. 基于实例推理的高速动车组总体方案设计[J]. 制造业自动化，2015，37（16）：113-116.
[15] 徐晓慧，冯涓，等. 具有不完全多性能参数的机械产品总体设计方案评价方法[J]. 工程图学学报，2006（02）：27-31.
[16] 朱丽. 定制类机械产品概念设计方案评价研究[D]. 重庆：重庆大学，2015.

第6章 实训项目5-复杂产品详细设计

6.1 实训目的

（1）了解复杂产品详细设计理论及技术。
（2）掌握CAD软件中详细设计的基本步骤。

6.2 实训方法

本实训主要按照实训任务和指导教师的要求，完成实训内容。在实训过程中，学生在教师指导下完成分组，了解复杂产品详细设计的基本理论和技术知识，通过小组协作和讨论形成完整的实训步骤，并利用数字化研发实训室的软件平台，通过上机实验完成实训任务。建议流程如下：

（1）教师讲授复杂产品详细设计的基本理论、技术；
（2）教师指导学生进行实训分组，建议每组2～4人；
（3）学生按组进行分工，根据实训指导书建议的实训流程制定具体的实训实施方案；
（4）分组进行具体实训，包括实际对象认知、详细设计、上机、实训报告撰写、实训成果汇报等；
（5）教师统计并总结实训情况。

6.3 复杂产品详细设计的内容

机械产品设计过程一般可以分为四个阶段：需求分析阶段、概念设计阶段、详细设计阶段和施工设计阶段。需求分析阶段需要将客户对产品的期望进行全面掌握和分析，对产品的市场情况进行充分调研、预测，进行可行性分析，明确产品应具有的功能、经济价值、加工时限要求和对环境的影响等情况，并编制设计任务书；概念设计阶段要根据设计任务书，确定产品的总功能，通过一定的设计方法得到若干个可行的设计方案，经过对方案的对比、分析和评价，确定最佳设计方案；详细设计阶段是在概念设计的基础上，进行运动学设计、动力学设计、主要零部件的工作能力设计，包括零件的强度、刚度、可靠性和结构尺寸设计等技术设计，完成总装配图、部件装配图、电路系统图、润滑系统图等的绘制，编制设计计算说明书；施工设计阶段是用详细设计阶段产生的图纸等文件进行样机试制，并进行有关试验，根据试验结果所显示出的问题对原始设计方案进行修改和完善[1]。

为了使复杂产品的详细设计更加完整、准确，通常在概念设计阶段阐述了主要的解决方案以后，会进行实体化设计（Embodiment Design）。实体化设计从复杂产品的原理解决方案开始，按照技术和经济标准，根据进一步的信息进行设计，实体化设计与详细设计的步骤有重叠部分，可以将实体化设计看作详细设计的“预设计”过程。实体化设计需要完成以下任务：

（1）根据概念设计得出原理解决方案，使用需求列表识别出对实体化设计阶段有重要影响的需求，如尺寸需求、流程需求以及材料需求等。

（2）确定实体化设计阶段的空间约束，如公差、轴位、安装要求等。

（3）确定实现主要功能的装配体和零部件以及它们的大致布局，并考虑以下问题：

① 哪些功能或功能载体决定整体布局的尺寸、布置和零部件形状；

② 哪些功能必须由功能载体共同或单独实现。

（4）确定具体功能载体的初步布局和实现形式，完成零部件总体布置、形状和材料的选择。

（5）开发剩余主要功能载体，确定其初步布局和实现形式。

（6）确定必需的辅助功能，如支撑、保持、密封和冷却功能，并尽可能利用已知的解决方案来实现。

（7）根据设计准则和规范完成主要功能载体的详细布局设计和形式设计，并验证其与辅助功能载体的兼容性。

（8）完成辅助功能载体的详细布局和形式设计，增加标准件和外购件，对主要功能载体进行细化设计，将各功能载体组合成整体布局。

（9）根据技术和经济标准评估整体布局，确定初步的整体布局。

（10）检查初步的整体布局在功能、空间兼容性等方面是否存在错误，若存在设计错误，则需要对前面的步骤进行修改，最后确定最终布局。

（11）完成初步的零件清单和生产、装配文件。

详细设计完成了技术产品的具体化，确定了所有零部件的形状、形式、尺寸、材料和表面性能等，并对生产方式、操作程序和成本进行最终审查。此外，详细设计阶段最重要的任务就是生成详细的生产文件，包括详细的零部件图、装配图和相应的零部件清单，上述文件多使用 CAD 软件辅助生成。根据产品类型和生产计划（一次性、小批量或大批量生产），设计部门还必须向生产部门提供组装说明、运输文件和质量控制措施，并向用户提供操作、维护和维修手册，在此阶段制定的文件是执行订单和生产调度的基础[2]。

详细设计阶段需要完成以下任务：

（1）确定最终的布局，以及零部件的详细图纸，对零部件的形状、材料、公差和配合进行优化，优化的目标是最大限度地利用最合适的材料，在成本效益和易于生产的情况下，应尽可能多使用标准件和企业重复件。

（2）借助图纸、零件清单和编号系统，将单个零部件集成到组件和整体产品中，在此阶段应考虑到生产计划、交货日期和装配、运输方面的具体情况。

（3）生成完整的生产文件，包括生产、装配、运输和操作指导书，检查所有文件（特别是详细图纸和零件清单）是否符合：

（1）通用和内部标准；

（2）尺寸精度和公差；

（3）重要生产数据；

（4）易于生产制造。

详细设计依赖于具体的领域和产品，设计者需要参考许多技术手册、供应商目录和标准，来更好地完成详细设计和零部件的选择。

6.4　复杂产品详细设计的基本规则

1. 功能清晰

功能清晰有助于可靠地预测最终产品的性能，并能节省时间，省去大量的分析过程。具体体现在，在给定的功能中，必须保证每个子功能与其对应的输入、输出之间有明确的相互关系。所选择的工作原理，必须揭示出因果之间的明确关系，从而得到合适且经济的布局。布局和形式设计需要明确定义荷载的大小、类型、频率和持续时间，如果没有这些数据，则必须基于合理的假设和相应指定的预期使用寿命。在人机关系中，正确的操作必须通过设备和控制的合理布局来保证。

2. 简洁性

对于技术应用而言，“简洁”一词意味着“不复杂”“容易理解”和“容易完成”。如果一个解决方案可以用更少的组件来实现，那么它就更简单，因为更低的生产成本、更少的磨损和更低的维护费用使得生产制造更容易。然而，这只有在组件的排列和形状保持简单的情况下才成立，因此，设计师应该始终以最简单形状且组件数量最少为目标。一个功能的实现总是需要一定数量的组件，成本效益通常需要在许多形状简单但整体生产工作量更大的部件之间做出权衡，因此，简洁性必须始终从整体的角度来评估——在个别情况下，什么构成“更简单”取决于问题和约束条件。

3. 安全性

复杂产品详细设计阶段需要考虑强度、可靠性、事故预防和环境保护等问题，这类问题的安全性考虑既影响技术功能的可靠实现，也影响对人类和环境的保护。安全性分为三个级别：

（1）直接安全。直接安全措施通过系统或组件参与特定任务来实现安全。安全寿命原则要求所有部件及其连接的构造方式都不能在预期寿命内发生故障；故障安全原则允许在使用寿命期间发生系统功能故障或部件断裂，但确保不会发生严重后果；冗余原则提供了一种提高系统安全性和可靠性的方法，冗余的安全性安排会导致安全性的提高，前提是系统中某个特定部件的故障本身并不危险，而其他部件通过与其并联或串联可以完全或部分地接管该功能。

（2）间接安全。间接安全措施需要使用特殊的保护系统或保护装置，当直接的安全措施不够时，就采用间接安全措施。保护系统和装置使有危险的工厂或机器脱离危险，防止对人员和机器造成破坏，同时保护系统必须具有自我监控能力，它不仅需要在系统崩溃时触发，也需要在其自身系统故障时触发。

（3）警告。当保护系统注意到工作条件变化时，会提供警告，说明变化和警告的原因，如油位过低、温度过高。

6.5　复杂产品详细设计的原则

1. 力传递原则

机械工程中所要解决的问题一般涉及力和运动及其联系、变化和传递，并涉及能量、物质和信号的转换。从广义上理解，力的传递是指它必须包括弯矩和扭矩的应用、转换和传递。

（1）力的流向和均匀力原则。首先，施加在组件上的外部载荷会在每个部分产生轴向和横向力以及弯矩和扭矩，这些应力会产生弹性或塑性变形、剪切应变，以及弯曲和扭转。然后，将相关部分确定的应力与材料的抗拉强度、屈服强度、疲劳强度、蠕变强度等性能进行比较，并适当考虑应力集中、表面光洁度和尺寸效应。最后，使用均匀强度原则，在适当的材料和形状的帮助下，使整个机械装置的预期使用寿命达到均匀的强度。

（2）直接和最短力传输路径原则。确保最小的体积、质量和变形，特别是在需要刚性组件时应用。

（3）变形匹配原则。保证相关部件变形的匹配，避免应力集中，更加可靠地实现功能。

（4）平衡力原则。尽可能使用平衡元素或对称布局，确保伴随主要力的相关力尽可能接近其原点，从而将材料数量和损失保持在最低限度。

2. 任务分工原则

在功能结构的建立和变化过程中，需要确定几个功能可以在多大程度上被一个功能取代，或者一个功能是否可以细分为几个子功能。此外，还需要确定哪些子功能只能用一个功能载体来实现，哪些子功能必须借助几个不同的功能载体来实现。就零部件的数量、空间和质量要求而言，实现多种功能的单一功能载体当然是最好的，但是就生产和装配过程而言，这可能是不利的，出于经济原因，应始终尝试用单一功能载体同时实现几种功能。如果负载或尺寸的增加达到极限，则可以将单个功能分配给几个相同的功能载体。换句话说，负载可以被分割，然后再组合。

3. 自助原则

在正常条件下，自助通过使力在同一方向上相互作用来提供更大的效果，或者通过使力相互抵消来减轻效果。在紧急情况下，自助提供了更大的保护效果，使系统更加安全。在自助设计中，整体效果由初始效果和辅助效果组成，初始效果引发了解决方案所需的物理过程，辅助效果由功能确定的主要力和相关力获得。

4. 稳定原则和双稳定原则

在制定解决方案时，必须始终考虑干扰的影响，并设法通过设计来使干扰抵消或相互减轻，以保持系统稳定。如果干扰是自我强化的，就有不稳定或双稳定的行为，这种效果在某些解决方案中是可取的，被称为“计划不稳定性”。

5. 无故障设计原则

在高精度产品中，应寻求将潜在故障数量降至最低的设计方案，比如，用几乎没有紧密公差的简单部件设计一个简单的结构，采用具体的设计措施以尽量减少故障产生的原因，选择在功能上能够独立于任何干扰效应的工作原理和工作结构，确保任何潜在的干扰因素影响两个同时相互补偿的参数。

6.6 复杂产品详细设计实训流程

复杂产品详细设计实训流程在完成概念设计后继续开展，根据所获得的初步概念进行实体化设计，实体化设计最终会得到零部件的布局以及初步的零件清单和产品文件，将这些文档作为详细设计阶段的输入，并对文档的信息做进一步的细化和确认，得到详细设计的文档。复杂产品实体化设计的流程和详细设计的流程分别如图 6.1 和图 6.2 所示。

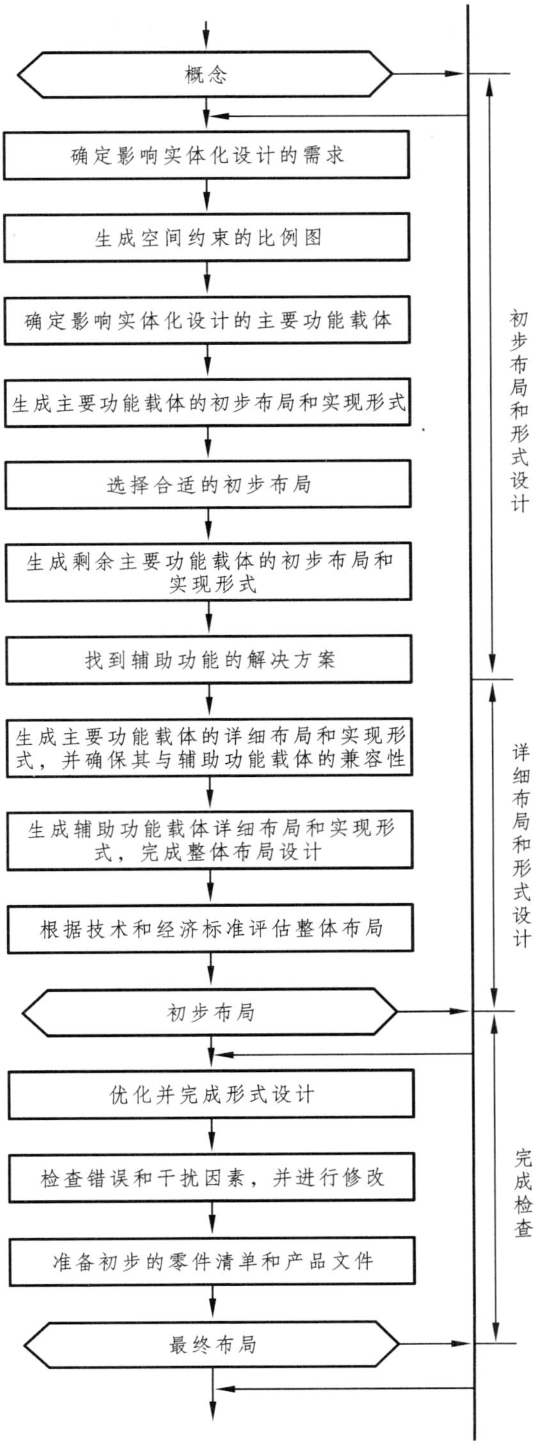

图 6.1　复杂产品实体化设计流程

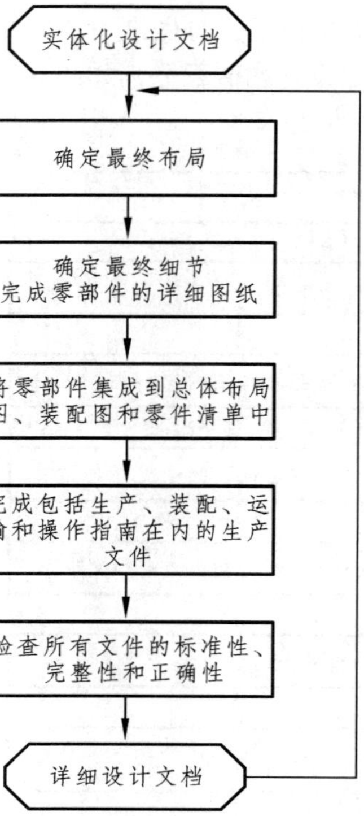

图 6.2　复杂产品详细设计流程

参考文献

[1] 谭昕. 机械产品总体方案设计的研究与应用[D]. 郑州：郑州大学，2008.

[2] GERHARD P. Engineering Design[M]. Springer London，2007.

第7章 实训项目6-产品装配及典型零部件三维标注设计

7.1 实训目的

（1）了解复杂产品装配及典型零部件三维标注设计理论及技术。
（2）掌握CAD软件中三维标注设计的基本步骤。

7.2 实训方法

本实训主要按照实训任务和指导教师的要求，完成实训内容。在实训过程中，学生在教师指导下完成分组，了解复杂产品装配和典型零部件三维标注设计的基本理论和技术知识，通过小组协作和讨论形成完整的实训步骤，并利用数字化研发实训室的软件平台，通过上机实验完成实训任务。建议流程如下：

（1）教师讲授复杂产品装配及典型零部件三维标注设计的基本理论、技术；
（2）教师指导学生进行实训分组，建议每组2～4人；
（3）学生按组进行分工，根据实训指导书建议的实训流程制定具体的实训实施方案；
（4）分组进行具体实训，包括实际对象认知、复杂产品装配设计、零部件三维标注设计、上机、实训报告撰写、实训成果汇报等；
（5）教师统计并总结实训情况。

7.3 复杂产品装配设计

任何一个产品的功能都不是由哪一个零件实现的，而是通过众多零部件间的相对运动、相互制约来实现的，即产品的功能是由装配体实现的。所谓装配体，就是零部件按照一定的配合关系关联的集合体。

产品设计制造总体呈现一个“合—分—合”的过程：在概念设计阶段，产品的整体框架按设计意图逐步细分；在详细设计阶段，进行单个零件的几何造型，最后生产出来的零件经过装配形成产品。因此，装配信息是贯穿设计过程的主线，装配设计是产品功能的输入处，也是产品功能的形成处。另外，装配是制造过程中形成物理产品的最终工作阶段，装配质量对产品的性能有直接的影响。同时，装配自动化一直是制造业自动化的瓶颈，主要表现在产品装配方面的技术进展远远落后于零件制造。因此，为降低生产成本，提高企业经济效益和竞争能力，在产品的装配设计与规划方面采取适当的措施，从而提高装配的生产率、减少装配成本。

复杂产品装配问题一般可以分解成四个子问题，即产品设计、装配建模、装配分析、装配规划，如图7.1所示。产品设计实现产品功能到结构的映射；装配建模的目的是确定零部件的连接关系；装配分析是对产品可装配性进行定量和定性评价；装配规划的目的是生成装配工艺规程以指导装配。根据装配分析结果，可以进行产品结构设计修改，实现考虑装配性的产品的结构优化[1]。

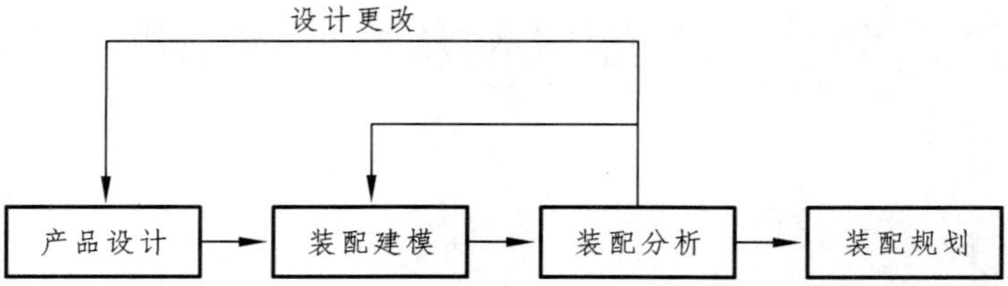

图 7.1　产品装配设计与规划过程

7.4　三维标注多视图表达的关键问题

1. 三维标注多视图表达的特点

近年来，基于模型定义（Model-based Definition，MBD）技术应用越来越广泛[2]，MBD 技术是指在产品的数字化定义过程中，将尺寸、公差、粗糙度、基准、加工制造要求和技术要求等非几何信息直接标注在三维模型上，用集成的三维实体模型来实现产品定义信息的完整清晰有效表达。MBD 技术充分利用三维模型直观、可视化和准确表达的特点，将产品生产制造过程中的几何信息和非几何信息直接添加到三维模型中，避免了三维模型转换为二维工程图的过程，减少了大量重复工作，提高了产品的设计效率。但是现有的 MBD 技术大多都是单视图表达，是在单个三维模型上表达全部产品信息，当模型结构复杂时，数量众多的标注信息相互干涉重叠，导致整个三维模型标注信息混乱、不直观，不利于操作与浏览。

二维工程图即按照国家标准，通过多个视图投影，如主视图、俯视图、右视图等，对零件模型的形状、大小、技术要求等进行表达。二维工程图具有简单、完整、准确、可打印出图的特点，但是表达不直观，生产过程中需要根据二维工程图重现三维模型，这容易造成误读，也导致了大量重复工作。

结合 MBD 技术和二维工程图优缺点分析，针对三维标注数据合法性、标注数据可视化，特别是模型结构复杂时标注信息干涉重叠的问题，提出了三维标注多视图表达方法。该表达方法基于三维轻量化文件模型，在三维模型空间构建多个视图，每个视图都采用三维轴测图显示，将传统二维工程图中零件的尺寸、形位公差、粗糙度、基准等信息直接在三维模型上进行表达，充分结合 MBD 技术、二维工程图、轻量化文件模型的优点。

传统三维 CAD 模型数据庞大、交流和共享不方便，三维轻量化模型具有数据无冗余、便于交流传输、模型构成有细节分层的特点，能实现跨平台数据交流与共享，因此，三维标注多视图表达方法采用三维轻量化文件格式。

视图表达方式中轴测图表达相对比较直观，并能表达尽可能多的信息，为最优表达方式，以往二维工程图中视图是投影视图，无法实现轴测图表达。三维标注多视图表达方法是在三维空间中对模型进行三维标注表达，使得轴测图表达成为可能，这种表达方法直观清晰、无歧义，即使没有工程图经验的人员也能准确直观地理解设计意图。

现有的 MBD 模型大多都是单视图表达，是在单个三维模型上表达全部产品信息，标注信息难免干涉重叠，三维标注多视图表达方法结合二维工程图多视图表达的方法，在三维模型空间中构建多个视图来表达产品信息，通过多个视图组合来直观完整地表达 MBD 模型。

相对于 MBD 模型和二维工程图，三维标注多视图表达方法具有如下优点：

（1）模型数据量较小，实现模型快速显示与浏览以及跨平台数据交流与共享；

（2）采用三维轴测图显示方式，所见即所得，能使用尽量少的视图表达尽量多的产品信息；

（3）采用多视图表达方法，避免了标注信息干涉重叠，方便标注信息操作与管理，可以实现 MBD 模型的打印出图。

2. MBD 数据集

MBD 技术以数字化模型定义为核心，建立一个结构化、规范化和完整定义的 MBD 数据集。由一个包含了产品几何信息和非几何制造信息的三维数模来定义产品信息，即 MBD 数据集[3-5]。数据集的结构如图 7.2 所示，产品的 MBD 数据集包含了产品的外部形状，面向设计制造的尺寸、公差、注释信息和产品的材料等辅助特征属性。

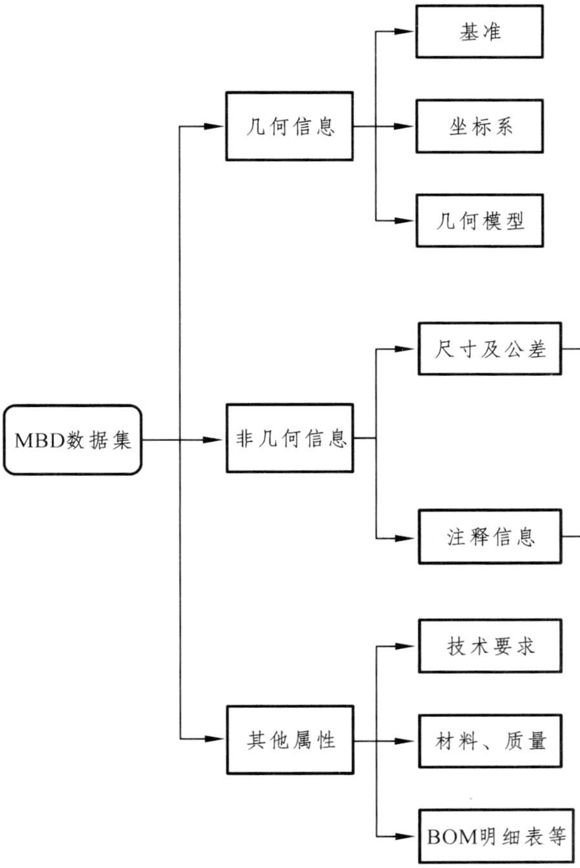

图 7.2　MBD 数据集

1）几何信息

产品的几何信息包括零件的外部形状、零件空间位置、几何的拓扑关系，以及装配体的零件装配关系，MBD 数据集用一个三维数字化模型来描述产品的几何信息。

2）非几何标注信息

MBD 数据集用单一的三维数字化模型来定义产品的非几何标注信息，包括产品的尺寸、尺寸公差、几何精度以及面向制造的工艺特征信息等。

3）属性信息

将产品的材料信息、检测分析数据，以及零件的 BOM 信息表，如零件编号、名称、数量、质量等信息都集中定义在 MBD 数据集的属性信息中，以文字说明或者属性说明的方法集中定义在三维数模之中。

3. 三维标注技术

三维标注，就是将产品尺寸标注、基准、形位公差、粗糙度、技术要求等信息直接标注在三维模型上，实现几何、非几何信息在三维空间中的直观表达。由于三维模型空间是立体的，模型的角度、位置表示更丰富，实体间关联更复杂，这些都导致了三维标注信息显示的许多问题，包括标注信息在三维空间中位置确定，标注信息如何显示，模型旋转时标注信息翻转、颠倒等，将严重影响标注信息的可读性。

1）标注面定义规则

三维标注信息在表达过程中，是以图形文字的方式显示在三维空间，但是三维空间中的图形文字的显示方向、角度、位置具有无限可能性，将导致标注信息在三维空间中的位置难以确定，通常是参考二维平面标注技术来解决这个难题。在二维可视化技术中，二维平面上的标注信息表达已达到非常好的显示效果，为了达到三维标注信息语意明确、视觉清晰的要求，可以参照二维可视化技术，为三维标注信息创建或指定一个标注面，这样三维标注信息显示就转化在了二维平面上，能够方便地确定图形文字的显示方向、角度、位置，而且只需实现对相关标注面的管理就能实现对三维标注信息的显示管理。

标注面定义规则的好坏将直接影响标注信息的显示效果，为了保证标注信息空间布局的合理性、显示效果的美观性，标注面应与三维模型保持相互一致，即标注面尽量与模型建模过程中的基准面、较大的平面平行或垂直。如图 7.3 所示，好的标注面定义能使三维标注信息达到良好的显示效果[6]。

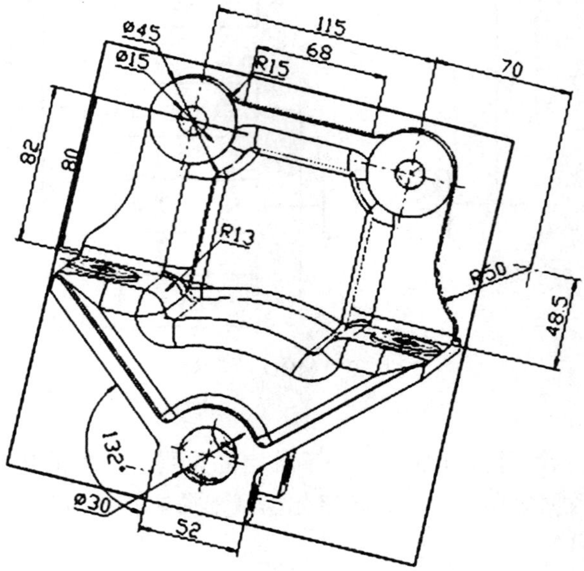

图 7.3　标注面定义

由于三维模型在建模时都是以模型空间坐标系为参考，许多几何特征都与 *XOY*、*XOZ*、*YOZ* 平行或者垂直，因此，默认有 *XOY*、*XOZ*、*YOZ* 三个标注面。当标注信息关联的几何特征与默认标注面平行或者垂直时，标注信息显示在默认标注面、标注面平行面或其垂直面上。其他情况下，标注面的定义按照标注信息所关联几何特征分类产生，若存在满足条件的标注面，则将标注信息标注在查询到的标注面或其平行面上。若不存在满足条件的标注面，根据表 7.1 创建与已知标注面平行或垂直的标注面。

表 7.1　标注面选择

标注信息相关联几何特征		标注面的定义方式
点		过点、垂直于 *X*/*Y*/*Z* 轴 过点、垂直/平行包含该点的平面
线		过线、垂直 *X*/*Y*/*Z* 轴 过线、垂直/平行包含该轴的平面
面	一般平面	过面上选取点，垂直于该平面 该平面所在平面
	圆柱/圆锥面	垂直于中心线 过中心线垂直于 *XOY*/*YOZ*/*XOZ*

2）三维标注视图显示方式

为了使三维标注信息的表达达到清晰、准确、明了、无歧义的显示效果，适当的模型视角和标注视图显示方式至关重要，三维标注模型视图显示可以采用二维视图显示或者三维轴测图显示。

三维轴测图显示方式即在三维模型空间中将模型旋转至某一轴测图方向，然后进行标注信息表达，这种所见即所得的显示方式，不仅可以用尽可能少的视图表达尽可能多的产品信息，而且便于直观清晰地实现模型的三维标注，充分发挥三维标注的优势。如图 7.4 为三维轴测视图显示效果。

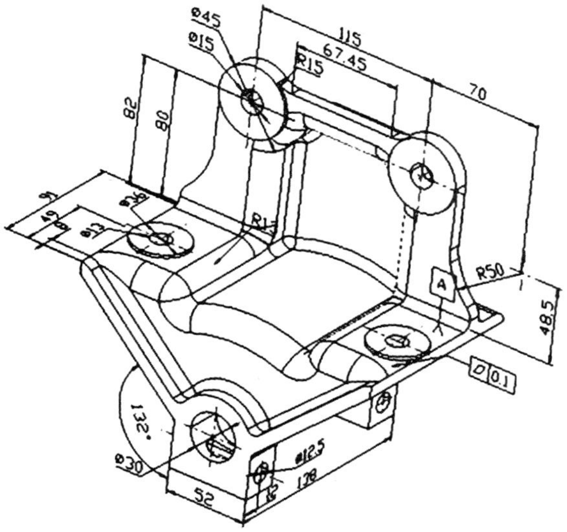

图 7.4　三维轴测图

3）数字化定义平台

随着 MBD 技术的深入应用，在数字化产品定义的发展过程中，CAD 软件公司如 UG、CATIA、Pro/E 都提供了对 MBD 技术的支持，主要体现在对产品信息的三维标注技术上。如 UG/PMI 中以图形化对模型进行一些信息的图形化表达，Pro/E 中的注释特征的信息标注。CAD 软件作为数字化定义平台的应用支持层，为 MBD 数据集的定义提供了最基础的支持，为数字化协同设计制造实现提供了有力保障。数字化平台为产品的 MBD 信息提供了有效的数据管理和产品定义管理方式，数字化平台的作用如图 7.5 所示[7]。

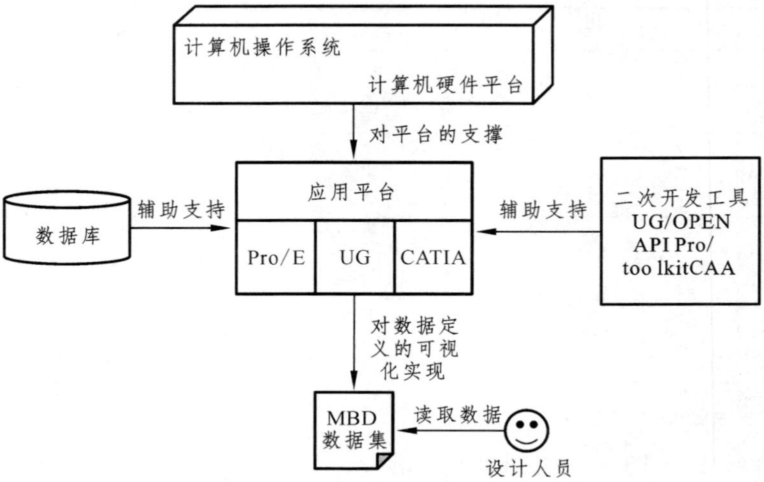

图 7.5　数字化定义平台

对于不同的 CAD 平台，产品数据的标注表达、数据的管理组织、平台对数据的支持有一些不同，如 CATIA 平台的规范树节点的数据管理、UG 平台按视图的组织管理，对于 Pro/E，需要对应用平台的标注数据的管理提供规范化的解决方案，并针对问题对平台进行二次开发，以提供标准规范的定义方式。

随着 CAD 技术的发展，CAD 软件都为三维标注技术提供了一定程度的支持。UG 的 PMI，通过视图来组织模型上的标注信息，并能够通过视图的树状结构来快速查询模型的标注信息。CATIA 上的 Functional annotation & Tolerance 模块也能较好地完成 MBD 模型的定义，CATIA 在对三维数字化定义的支持上起步很早，通过结构规范树来管理模型数据信息，可以非常方便地对产品信息来进行分类管理。Pro/E 平台通过注释特征来完成三维标注的定义，通过视图和图层来完成产品信息的管理。

7.5　数字化产品的三维定义规范

数字化产品定义数据通则等一系列国家标准的制定推出，为产品数字化集成设计制造提供了有力的技术标准支持[8]。然而对产品的数据集定义以及数据的管理依旧存在明显的问题，如数据的尺寸及尺寸公差的定义、几何公差及基准表达、产品信息的简化规则及属性定义的完整性、规范性和关联性等方面的不统一，会在数字化产品定义的过程中产生数据集技术信息的模糊性，同时也会引起歧义，无法保证产品数字化定义的信息能正确传递到下游。因而提出数字化设计制造过程中需要遵循的具有指导性和可操作性的通用规范，这是推行数字化产品定义的重要一环节。

基于不同 CAD 平台下的三维标注方式和规则，结合数字化产品定义的国家标准和行业标准，对数字化产品数据信息的定义标准进行了研究和总结。

1. 数字化产品的定义

伴随着信息技术、计算机技术和网络技术的发展而产生的数字化产品，不同于实体原材料和实体产品，数字化产品是通过无形态化的传递方式，优化了产品的整个生命周期[9,10]。基于三维模型定义的数字产品，面临着新的标准体系，传统二维下的标准体系并不能完全照搬到三维环境中来，需要构建新的三维数字化定义的标准规范体系。

1）产品几何信息和非几何信息的定义

目前，一般的产品定义是以 CAD 技术为支撑的三维产品模型设计，以二维工程图来驱动产品的制造及后续步骤，而 MBD 技术下的数字化产品的定义，则只需通过一个三维数字化模型来完成产品的几何信息和非几何信息的定义，通过三维模型的几何图形以及标注表达、文字表达和属性来完成产品的定义。

对于零件模型来说，以三维形式来完整描述产品的几何信息，可直接在三维模型中进行模型的尺寸、公差、注释信息等的标注以及属性的表达来完整定义数字化产品信息。

对于产品的 MBD 数据集标注要求，信息三维标注应赋予唯一的标识符与之对应，并能通过标识符识别出对应的三维标注。工艺信息三维标注应放置在标注区域标识符的附近，用来指示它应用的模型特征的特定区域。模型的几何信息和非几何信息的表达对比如表 7.2 所示。

表 7.2　几何信息和非几何信息的表达

<table>
<tr><th colspan="2">方式</th><th>传统定义方式</th><th>MBD 数据集的表达方式</th></tr>
<tr><td rowspan="2">几何信息</td><td>坐标系</td><td rowspan="2">三维模型的表达</td><td rowspan="2">三维模型的几何意义</td></tr>
<tr><td>几何模型</td></tr>
<tr><td colspan="2">模型基本尺寸</td><td rowspan="3">二维图下的标注说明</td><td>三维模型下标注，与唯一特征或者图元关联，以尺寸界限的标识来表达</td></tr>
<tr><td colspan="2">尺寸公差</td><td>三维模型下标注表达</td></tr>
<tr><td colspan="2">形位公差</td><td>三维模型下标注，与唯一特征或者图元关联，以注释文本形式表达</td></tr>
<tr><td rowspan="5">注释信息</td><td>粗糙度</td><td rowspan="5">二维图下标注或者注释文本说明</td><td>三维环境空间定义，与唯一平面关联，以符号形式表达</td></tr>
<tr><td>基准符号</td><td>三维环境空间定义，与唯一平面关联，以符号形式表达</td></tr>
<tr><td>焊接工艺</td><td>三维环境空间定义，与唯一特征或者图元关联，以符号形式表达</td></tr>
<tr><td>机加工艺</td><td>三维环境空间定义，与唯一特征或者图元关联，以符号形式表达</td></tr>
<tr><td>钣金工艺</td><td>三维环境空间定义，与唯一特征或者图元关联，以符号形式表达</td></tr>
<tr><td colspan="2">技术要求</td><td>二维图下的文本说明</td><td>三维环境空间定义，可以不与模型相关联，以注释文本的形式表达</td></tr>
<tr><td rowspan="2">其他属性</td><td>零件信息</td><td rowspan="2">二维图下的文本说明</td><td rowspan="2">以属性信息表达，可不与几何模型相互关联</td></tr>
<tr><td>材料信息</td></tr>
</table>

2）产品数字化定义的数据信息管理

为了规范数字化产品定义中数据集的组织管理形式，实现产品信息的有效传递，对数据需要有规范化的组织管理方式，来保证后续工作的有效驱动。在模型的数据管理中，目前的CAD平台，主要有两种数据管理方式：第一种是基于特征树的管理模式，第二种是基于层树的管理方式。在三维CAD软件中，为了规范所有数据的组织形式，可以利用软件中的层树和特征树，对模型的数据信息进行有规则地组织管理[11]。针对三维模型的几何信息，基于面向加工制造的设计，建立合理的组织模型；对设计制造过程中所涉及的非几何信息，利用层树来进行结构化管理；将不同类别的数据结构储存在对应的层空间中，实现对产品信息元素的有效分类。

2. 三维模型的定义要求

基于三维标注技术定义的三维数字化模型，以一个完整的包含了几何信息和非几何信息的三维数字化模型来完整表达产品信息，将三维模型作为唯一的数据源，来驱动后续工作的进行。所以对于三维模型的创建，以及据此来定义的三维数据模型需要满足以下标准规范：

（1）创建的三维模型要能完整且准确表达出产品的实际设计信息。

（2）设计模型需要按照实际的设计意图，按照1∶1来创建模型，对于模型创建过程中的设计模型精度要求，必须满足制造过程中的精度要求。在对模型进行标注的过程中，尺寸的精度不能超过实际产品设计的精度。

（3）模型的结构信息以及细节要完整，保证后续的信息标注能够完整清晰地表达。

（4）在不影响对图理解的情况下，对于圆角和倒角等特征，可以进行适当的简化表示，模型和实物允许有细节上的差别，如特殊工艺、铸件拔模斜度等信息。

（5）对于装配模型中的部分模型，如电机等模型，可以只创建出简化模型，将模型中的一些关键信息及参数表达出来。

（6）模型的尺寸标注也需满足要求，尺寸要正确标注，满足相应的规范要求。

3. 视图定义与数据管理规范

对三维标注的信息按照一定分组规律进行层次化分组，使得产品的信息可以按照有序可控的规则存储在三维数字化模型中。卢鹄等[11]对标注信息结构化的研究，主要包含了基于特征树的方式和层树的方式。而对于特征数分组的分类方式和层树的分类方式，可以按照三维标注信息中的信息类别来进行分组。

1）视图定义

按照波音公司在MBD技术运用中提出的“显示空间元素的二维视图集合”的原则，针对三维模型下标注的基本原理即为在某一视图下进行模型信息的标注定义，通过视图的导引来对模型进行表达，从而能实现三维模型的定义，这样在较好实现三维标注的同时也不破坏原有的三维模型，同时能缩小与现有规范的差距，不仅能清晰简洁地表达出模型的设计制造信息，也便于后期设计人员对模型进行解读和应用。

依据三维标注的技术原理，从三维模型空间中选取标注平面来定义模型的数据信息，即可以按照二维工程图中的视图表达原理，从三维空间中选取一个标注平面。基于视图定义的方式，模型的视图定义相关规范：

• 摒弃二维工程图中的投影视图的概念，用全三维化的视图来定义；

• 依照三维 CAD 软件在模型视图中的定义，利用视图管理器，按照模型的几何外形结构来创建主视图、向视图及剖视图等视图；

• 在三维视图的定义中，不需要对局部视图、半剖视图、破断视图、旋转剖视图、展开视图等此类视图做特殊的视图定义。

2）数据的管理

产品的数据信息主要通过特征树管理或层管理，基于三维 CAD 软件平台下的数据分组管理特性，可以选择层分组的管理方式，以层作为数据分组的基础支撑。需要分组的层类别可以按照几何信息、非几何信息以及属性等来分组，同时也可以加入视图方向的层形成组合视图。

可以将模型的设计定义信息按照表 7.3 所示的规则进行分类。

表 7.3　信息的分类

基本尺寸	尺寸及尺寸公差
制造信息	几何公差 基准 粗糙度 倒角 焊接符号 机加工工艺符号
属性及辅助信息	文本，技术要求信息 辅助几何 材料 BOM 表单

3）组合视图

针对三维标注的视图定义，可以选用组合视图来进行模型信息的管理。组合视图是针对 Pro/E 平台下对模型的信息所提出的管理方式，每个组合视图包含了对模型投影方向、简化表示状态、剖视显示状态、层显示状态等的定义和记录。通过组合视图的定义是使复杂标注信息能够清晰化显示的一种管理手段。

（1）组合视图命名原则。

组合视图的名称应该让使用模型的人员能基本通过名称判断出自己关注的几何和标注内容的所在位置；组合视图的排序应该遵循统一的规律。

（2）组合视图分类的基本原则。

根据视图投影方向进行分类，组合视图名称建议包含主视图、左视图、右视图、顶视图、俯视图、后视图等中文字样；根据剖面分类，每个剖面分别建立不同的组合视图；某一投影方向或剖面中标注信息较多时，允许使用多个组合视图表达，可以按照结构设计元素来分类；对于属性信息的标注如技术要求、标题栏内容，可以建立独立的组合视图；标注信息中，尺寸、尺寸公差、注释、形位公差、表面粗糙度、一般符号可以在同一视图中表达。焊接件的焊接符号标注根据情况可以单独建立组合视图。

4. 注释信息的定义

在《技术产品文件 数字化产品定义数据通则 第 7 部分：注释要求》（GB/T 24734.7—2009）

的要求中，对于模型的标注注释，应该指示在标注模型的表面之上，放置在对应标注模型的注释的附近，能表达出三维模型的数据且应该与唯一的标注符相互对应，同时标注的注释可以识读，通过标识符就可以识读出模型的注释。对于模型的通用注释、特殊注释、标注注释，一起标注于同一模型时，三类注释应置于一个不随模型旋转的单独的标注面；对于描述模型整体的一般公差的通用注释，可以不做关联性要求；而对于模型的局部注释信息，则需要与特定模型的数据相互关联起来。

机械产品信息的定义主要包含了尺寸、尺寸公差、形位公差、制造信息、产品属性等信息的表达。所有信息的定义不仅需要满足现有机械制图中相关的国家标准，还需满足三维环境下产品信息的定义方式，以及已经颁布的标准。同时，针对不同的 CAD 定义平台，需要对平台各类标注信息的表达方式以及规范提出合理的解决方案。

1）标注信息的标准化定义

通过 CAD 软件来标注机械产品的三维数字化定义。目前，CAD 软件针对三维模型下的标注都提供了可行的方法，针对 Pro/E 平台下的数据三维标注的表达问题，如定义产品信息时标注符号的不规范，比如面向制造的粗糙度符号的标注等，并没有完全符合国家标准，要使得 CAD 平台中标注完成的各种信息符号能够满足需求，需要针对 CAD 软件本身进行二次开发。同时，为了满足产品设计制造中标注信息的完备性，也需要对标注符号的标准进行规范，且需要针对产品所需要的标注符号进行特殊定制，以计算机能识读的信息来定义产品设计制造信息。

2）标注信息的注释规范

对于不同几何形状的产品进行信息的定义，对标注信息的定义方式进行规范，如线性长度、角度、倒角以及圆、圆柱体、深度等形状的定义需要进行规范，同时需要根据不同 CAD 平台下的标注信息的标注过程、原理及可行性，对不同平台下的标注信息的定义也要制定出特殊的定义规范。

3）标注字体符号的定义

对于字体的标注要求，可以按照《技术制图 字体》（GB/T 14691—93）中的相关规定，如汉字字体的样式选用长仿宋体。如果按照 CAD 平台所提供的字体选择，可以选用仿宋 GB 2312，这也满足国标中对字体样式的要求。

基于三维模型标注信息的字体不能随意放置，对于尺寸、尺寸公差等信息的标注，一般应保持字体与标注对象相垂直或平行，以防止三维模型下的标注放置得混乱。对于以指引线方式放置的字体，应与被测要素保持垂直。

4）模型尺寸的定义

为了完整表达模型的形状和大小，需要对模型进行尺寸标注，不能遗漏必需的尺寸，也不能对尺寸重复标注，对尺寸的标注要合理且能清晰地对标注尺寸组织安排。尺寸的标注包含尺寸界线、控制尺寸线、标注尺寸文字以及指引线等。

5）基准符号的定义

用来确定机械产品制造过程中加工对象的几何形状或者几何拓扑关系所依据的点、线、面等被称为基准，基准的正确对零件的精准表达有着重要作用。而依据国标的要求，基准符号的标注符号需要满足如图 7.6 所示要求。

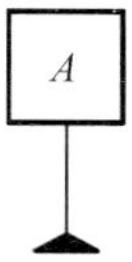

图 7.6　基准符号

6）模型公差的定义

模型公差的定义是数字化产品工艺设计、制造以及检测中的重要数据依据。对公差的制定，是为了确定产品的几何参数，使其在一定的范围内变动，来实现产品的设计制造，以及互换性的要求。对于模型的公差定义，通常包含有尺寸公差和几何公差的定义，而对于几何公差，又通常包含形状公差和位置公差的定义。公差的具体分类如图 7.7 所示。

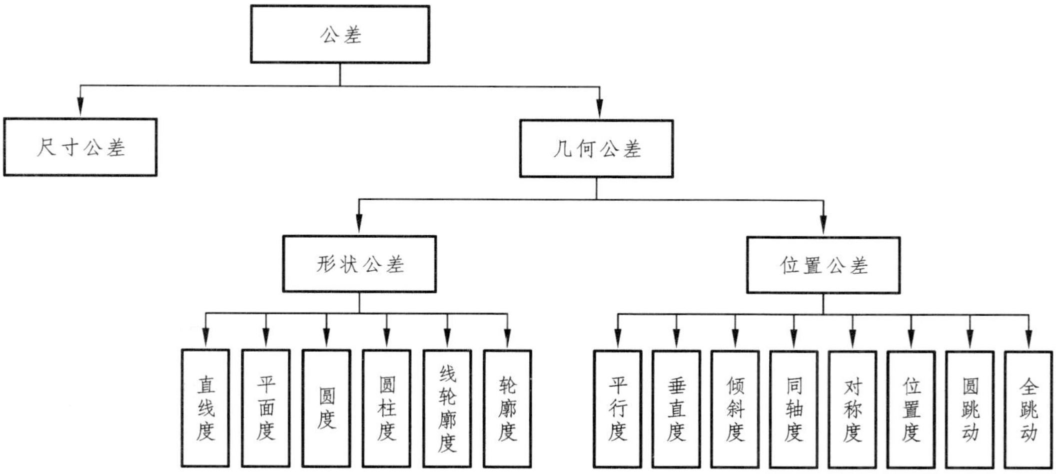

图 7.7　公差的分类

7）粗糙度的定义

表面粗糙度是零件表面加工后形成的由较小间距和峰谷组成的微量高低不平的痕迹，而粗糙度符号的国标图形以及意义说明如表 7.4 所示。

表 7.4　粗糙度符号及意义

代号	意义	代号	意义
*Ra*3.2	用任何方法获得的表面粗糙度，*Ra* 的上限值为 3.2 μm	*Ra*3.2	用不去除材料方法获得的表面粗糙度，*Ra* 的上限值为 3.2 μm
*Ra*3.2	用去除材料方法获得的表面粗糙度，*Ra* 的上限值为 3.2 μm	U *Ra*3.2 L *Ra*1.6	用去除材料方法获得的表面粗糙度，*Ra* 的上限值为 3.2 μm，*Ra* 的下限值为 1.6 μm
*Rz*3.2	用任何方法获得的表面粗糙度，*Rz* 的上限值为 3.2 μm	U *Rz*3.2 L *Rz*1.6	用去除材料方法获得的表面粗糙度，*Ra* 的上限值为 3.2 μm，下限值为 1.6 μm

续表

代号	意义	代号	意义
$\sqrt{Rz200}$（不去除材料）	用不去除材料方法获得的表面粗糙度，*Rz* 的上限值为 200 μm	$\sqrt{Ra3.2 \; Rz12.5}$	用去除材料方法获得的表面粗糙度，*Ra* 的上限值为 3.2 μm，*Rz* 下限值为 12.5 μm

对于粗糙度符号的三维标注，可以参照数字化产品定义中几何公差定义的相关要求来实现。

粗糙度符号应该与被测元素平行或者垂直，具体可以使用垂直于标注面，或者指引线方式放置于标注面附近的方式。而对于通用粗糙度，则以技术要求的方式标注，可以不与模型相关联，悬浮于模型平面旁。

8）技术要求的定义

技术要求一般分为全局技术要求（通用技术要求）和局部技术要求两种，所以在 CAD 平台下的技术要求的标注，应放置在技术要求视图中，并创建技术要求层来对其进行管理。

全局技术要求不做关联性要求，可用来描述整个模型的一般公差。全局技术要求一般应悬浮于屏幕，选择将技术要求放置在视图定义的主视图平面中，不随模型旋转缩放变化。

局部技术要求的标注与文本注释方法类似，应醒目并就近放置在与被标注要素垂直的平面上，用指引线指向被标注要素，并与其进行关联。

7.6　装配设计流程

产品装配设计活动涉及装配建模、零件设计、装配序列规划和装配过程仿真等诸多活动，基于装配语义的装配模型具有良好的数据结构，便于信息的补充，可以有效地支持产品装配设计活动，其工作流程如图 7.8 所示。

根据 7.3 节所述，复杂产品装配问题可以分解为四个子问题：产品设计、装配建模、装配分析和装配规划，前三个问题属于产品设计分析问题，装配规划属于工艺设计问题。

1. 装配建模

装配建模的主要任务是建立产品装配结构信息模型——装配模型。完善的装配模型应该是一个支持产品设计（概念设计、初步设计和详细设计）、制造（装配过程规划、装配线平衡等）、维护（零部件更换）和回收（产品拆卸）等过程中与装配有关的所有活动，并能在产品全生命周期内完整、正确地传递不同零部件装配设计参数、装配层次和装配信息的产品模型，是产品全生命周期数据管理的核心。装配建模的目的是正确有效地表达装配体外在和内在的关系，主要考虑两个问题：

（1）装配模型需要包括哪些信息；

（2）如何恰当地组织所有信息，以支持装配规划。

产品装配建模本质上存在两种不同的方法，自底向上的装配建模（bottom-up assembly modeling）和自顶向下的装配建模（top-down assembly modeling）。

自底向上的装配建模方法的基本思路如图 7.9 所示。先设计好零件，然后将零件聚合到一起组成装配体；如果在装配过程中发现零件不满足要求，则对零件进行重新设计，然后重新装配，如此反复，直至产品设计满足装配要求。

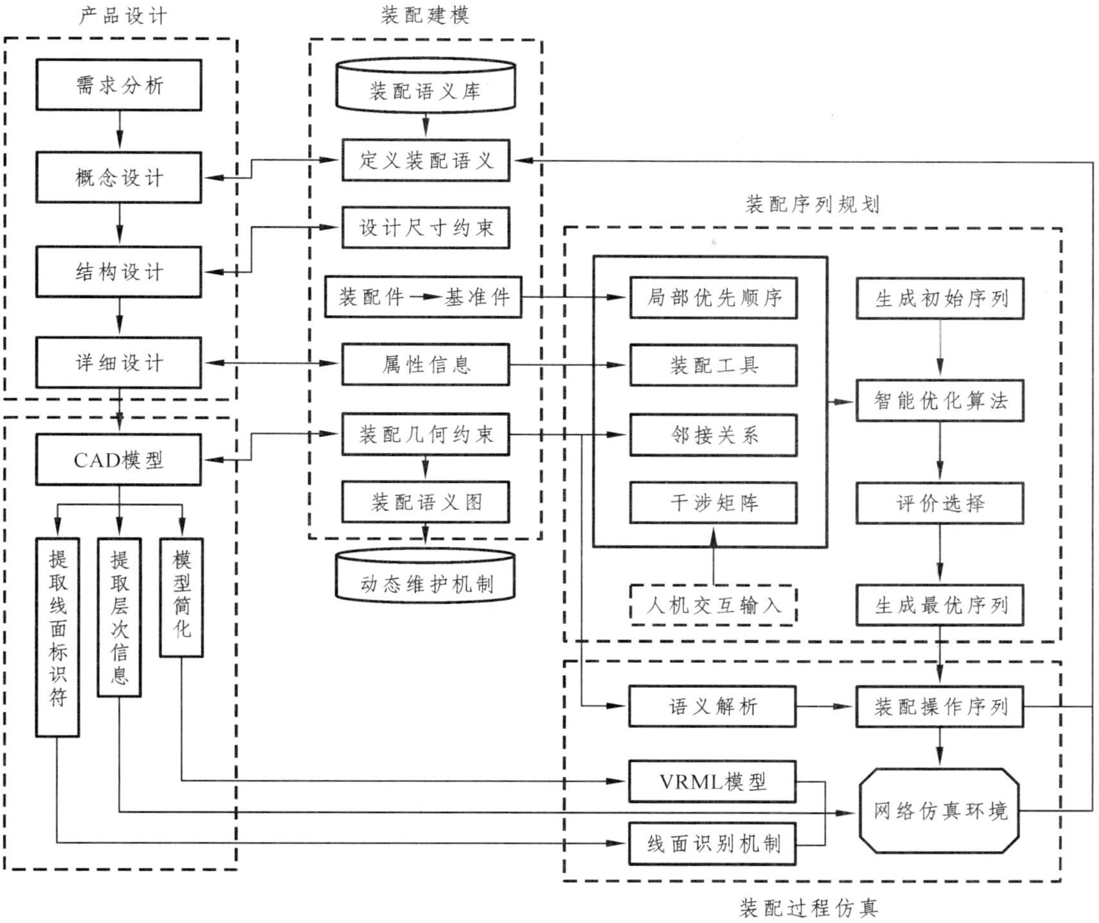

图 7.8 基于装配语义的复杂产品装配设计工作流程

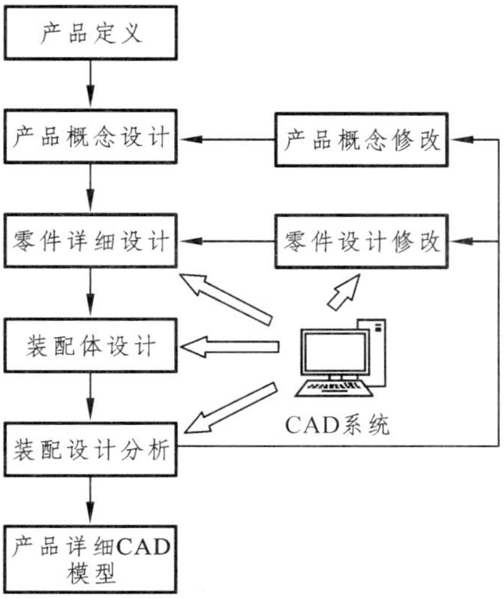

图 7.9 自底向上的装配建模流程

自顶向下的装配建模流程如图 7.10 所示。该方法要求设计者从产品功能出发，首先设计出实现产品功能的初步方案及其装配结构草图，得到产品的功能概念模型；然后对功能概念模型进行分析，建立约束驱动的装配模型，进行约束求解，确定产品的装配结构；最后进行零件和装配体的参数设计，通过装配体模型传递设计信息。

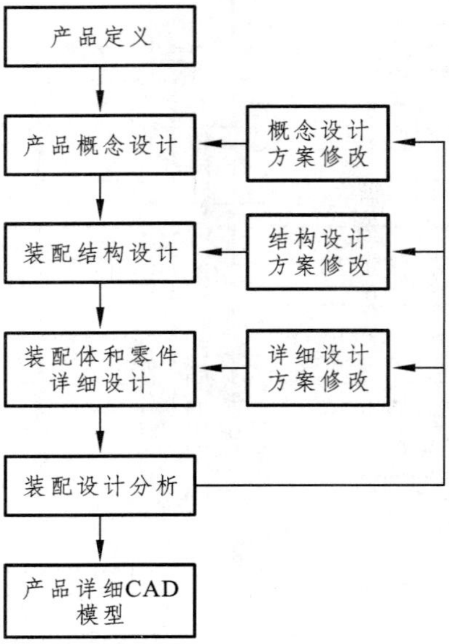

图 7.10　自顶向下的装配建模流程

2. 装配分析

面向装配的设计目的是在产品开发的早期阶段对产品的装配性能和可拆卸性进行考虑，较早地发现设计中存在的与装配、拆卸有关的问题，减少产品开发过程中不必要的多次反复，从而缩短产品的开发周期，提高产品质量，降低产品成本。

装配评价方法涉及产品设计方案的装配性和产品装配过程两个方面。传统的装配评价方法主要采用两种模式，第一种模式基于容易装配原则来分析零件，使用列表的形式对零件进行评价，通过评分来显示设计的优劣，这个模式成为 DFA 尺度。第二种模式称为公理化方法，它运用一系列设计准则和设计指南来评价。

与装配相关的是产品拆卸，拆卸是从装配体上拆除其组成零部件的过程，通常装配和拆卸被看作是互逆的过程。面向拆卸的设计准则有：减少拆卸工作量、易于拆卸、易于处理、易于分离、减少多样性等。分析零件的可拆卸性，既要考虑局部几何信息，也要考虑全局几何信息。局部的几何运动可行性依赖于是否存在微小的移动，这取决于相邻零件之间的约束关系；全局的几何运动可行性依赖于在某个方向上是否可进行有限的移动，这不但取决于相邻零件之间的约束关系，而且取决于整个装配体中零件间的约束关系。拆卸评价一般以拆卸难度和拆卸成本为标准，拆卸难度应尽可能小，拆卸成本应尽可能低。

3. 装配规划

装配规划的任务是根据产品特点，制定装配工序，合理配置装配资源，生成装配工艺规程。装配规划问题涉及装配序列规划、装配过程优化和装配过程仿真等内容。

1）装配序列规划

装配序列规划是以零部件为对象，根据它们之间的关系和最终产品形态，对应装配操作，确定包括所有零部件的完整的装配（或拆卸）顺序。装配序列问题通常简单地理解为零部件排序问题。

2）装配过程优化

复杂产品的装配规划问题是一个组合问题，往往产生大量的可行或不可行的装配序列，产品装配实际上并不像装配序列规划中的零部件排序那么简单，不可避免地受到多种与装配相关资源的约束。一般情况下，从传统装配规划方法中产生的装配序列都不是最优的，因此，需要在约束条件下，从大量的装配方案中确定最优或次优的方案，使装配成本最小化，产品开发的总成本降低。

3）装配过程仿真

装配过程仿真将装配序列和装配路径以动态演示的方式在计算机上显示出来，使装配规划结果能直观、可视化地展现在用户面前，便于进一步验证并改进装配体的装配规划；同时，装配仿真还能为装配教育和培训做指导，降低相关成本。

7.7 零部件三维标注设计实训流程

零部件三维标准设计实训流程建议选取复杂装备子系统开展，以高速列车转向架为例，其在 SolidWorks 中的三维标注模型如图 7.11 所示，对零部件进行三维标注的设计流程如图 7.12 所示。

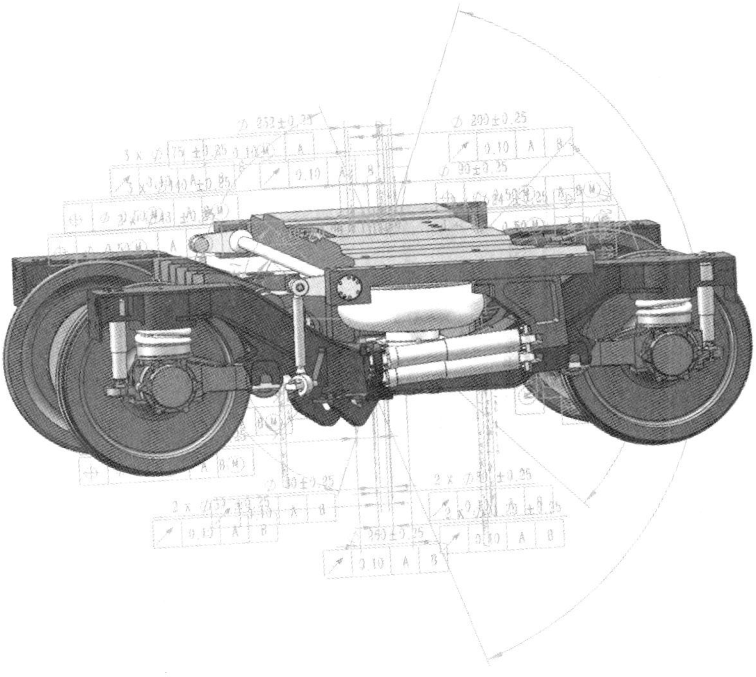

图 7.11　转向架三维标注模型

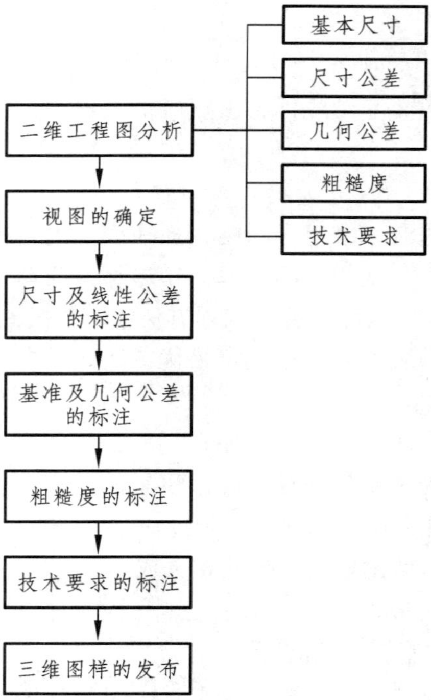

图 7.12　零部件三维标注设计流程

参考文献

[1] 刘继红，王峻峰. 复杂产品协同装配设计与规划[M]. 武汉：华中科技大学出版社，2011.
[2] SCOTT K. Model Based Definition[J]. Aerospace Special Section，2006（6）：2-7.
[3] 任启振，葛建兵，等. MBD 数据集的数字化定义[J]. 航空科学技术，2012（5）：63-65.
[4] 冯国成，梁艳，等. 基于模型定义的数据组织与系统实现[J]. 航空制造技术，2011（9）：62-72.
[5] 王峻峰，鲁明上，等. 产品装配 MBD 数据集及其应用研究[J]. 制造业自动化，2013（01）：78-82.
[6] 李波. 产品制造信息可视化与重用技术研究[D]. 武汉：华中科技大学，2012.
[7] 彭政洲. 基于 MBD 的三维标注研究与开发[D]. 太原：太原理工大学，2014.
[8] PARK J P，YANG S W，KWON K E，et al. Collaborative Engineering and Product Quality Assurance based on Integrated Engineering Information Management[C]//International Conference on Smart Manufacturing Application. IEEE，2008.
[9] DEF STAN 05-10 part 2.Digital product definition informatio[S]. 2006.
[10] 黄志文. 基于 CATIA、VPN 的结构三维数字化设计技术[J]. 直升机技术，2010（4）：21-25.
[11] 卢鹄，韩爽，等. 基于模型的数字化定义技术[J]. 航空制造技术，2008，10（3）：78-81.

第8章 实训项目7-产品及典型零部件设计验证和优化方法

8.1 实训目的

（1）了解复杂产品及零部件设计验证和优化方法。

（2）掌握CAD软件中零部件设计验证和优化的基本步骤。

8.2 实训方法

本实训主要按照实训任务和指导教师的要求，完成实训内容。在实训过程中，学生在教师指导下完成分组，了解复杂产品及零部件设计验证和优化方法，通过小组协作和讨论形成完整的实训步骤，并利用数字化研发实训室的软件平台，通过上机实验完成实训任务。建议流程如下：

（1）教师讲授复杂产品及典型零部件设计验证和优化的基本理论、技术；

（2）教师指导学生进行实训分组，建议每组2～4人；

（3）学生按组进行分工，根据实训指导书建议的实训流程制定具体的实训实施方案；

（4）分组进行具体实训，包括实际对象认知、零部件设计验证及优化、上机、实训报告撰写、实训成果汇报等；

（5）教师统计并总结实训情况。

8.3 复杂产品设计验证及优化的研究现状

（1）复杂产品的设计过程是一个多学科交叉的系统工程。

复杂产品的组成是一个复杂的工程系统，如高速列车、航天器、汽车等复杂产品系统通常由多个子系统组成，各子系统之间存在着相互影响、相互作用的耦合关系，具有明显的“多学科”特点[1]。此外，复杂产品的设计往往同时涉及机、电、液、磁等众多不同的学科或设计领域，各学科的发展日益精细，很难由某位包罗万象的通才来独立实现，因此，需要在设计的各个环节中让不同学科和领域的专家参与进来，利用不同学科的知识及分析工具进行高效的协同设计。复杂产品无论是产品级的方案原理设计还是零部件级的详细参数优化，都涉及多个不同的子系统和相关的多个领域，这些子系统都具有其特定的功能和专业的设计方法，并且各子系统之间具有内在的相互联系，共同组成了产品完整的功能系统[2]。

（2）复杂产品多层级设计验证与仿真优化。

在新一轮科技革命和产业革命中，智能设计作为其核心动力，已经被逐渐应用到轨道交通产业领域产品设计。然而，需求种类的激增也对产品提供方技术水平提出了较高的要求。在复杂产品的设计研发过程中，对复杂产品的有效验证与仿真分析不可或缺，其决定着复杂产品迭代优化频率及效果与真实用户体验质量，利用合适的验证工具和可视化产品分析可以有效进行信息的快速整合，检查设计是否符合需求，并帮助技术人员做出妥善的决策。

目前，应用于复杂机械产品设计领域的虚拟样机技术，主要以数字化功能样机设计为核心，通过集成不同领域的应用工具和开发模型，对产品性能、行为进行设计验证和仿真分析。当前的研究重点主要集中在虚拟样机的总体技术、开发体系、支撑平台、虚拟现实和多领域建模等关键使能技术上，还没有形成一个成熟的技术体系，没有涉及虚拟样机作为数字化产品本身的优化问题，没有解决数字化功能样机的多性能动态优化以及优化计算的组织复杂性难题[3-5]。

MBSE 采用基于模型的研发思想，以模型驱动技术流程，实现研发流程的动态全息关联且无歧义表达，成为个性化定制产品复杂系统开发的主流。因此，以需求为驱动将相关知识、模型映射到产品结构、性能上；同时实现复杂产品多主体之间的协同交互，协同完成复杂产品的研发设计，这是实现复杂产品智能设计的新思路。

复杂产品不确定因素较多，而传统仿真手段在数据信息交互、用户体验等方面有所不足，且验证周期长、成本高。以标准化、统一性的模型贯穿设计全过程，面向不同的功能/性能需要提取模型信息，建立物理仿真模型，利用混合现实仿真技术，在 CPS 中采用基于模型的多物理场（机、电、液、热、磁）联合构建真实虚拟环境，实现复杂产品在信息空间中的建模仿真，并与物理空间中的验证信息进行迭代，以实现产品的综合优化。

8.4 典型零部件设计验证及优化的研究现状

典型零部件的设计验证及优化是多学科耦合的，以有限元分析方法为主。有限元法以力学为基础，跨弹性静力学、动力学、弹塑性力学与接触理论、疲劳与断裂力学、复合材料力学、流体力学和热力学等多种学科，适合完成多学科耦合的设计验证和优化。有限元法的基本思想是：将复杂的连续的整体先化整为零，也就是将复杂的结构看作是由许多个通过节点相连接的单元所构成的一个整体；再将各个离散的单元重新合成一个连续的整体，即通过所划分的节点的力学平衡将有限单元体重新组合起来。有限元法把基本未知量定义为场函数的节点值，建立有限元方程组来求解基本未知量，从而使问题得到转化，值域由连续变为离散，自由度由无限变为有限，由方程组的解求得节点值，然后就可以利用插值函数确定单元上以至集合体上所有的场函数。从理论上分析，分散的单元数量越多，求解的精度就越高，分散的单元数量增加到接近无限，可以求得最终的精确解。但是如果求精确解的话，计算的时间会无限长。在实际工程应用时，根据实际需要选择精确度即可。基于有限元分析的典型零部件的设计验证及优化流程如图 8.1 所示。

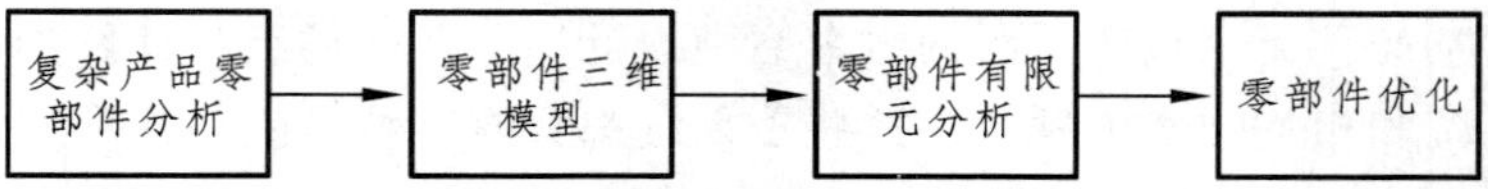

图 8.1　典型零部件的设计验证及优化流程

8.5 基于虚拟样机的复杂机械产品多学科设计优化

复杂产品的开发往往有高额的初始投入，设计过程有限的可逆转性决定了在开发初期就应该有一个比较完善的解决方案，与现有的主要侧重于产品定型后进行详细设计的计算机辅助设计相比，建造产品全生命周期的虚拟样机。多学科设计团队基于虚拟样机进行设计过程的仿真分析、多性能测试与综合评估，是获得产品尽可能优的设计方案的有效途径，也是复杂机械产品开发的一种新模式。

一种基于 MDO 的复杂产品虚拟样机模式，能有效解决产品设计过程的串行冲突，改善数字化设计流程的循环往复，以尽可能高的效率求得复杂机械产品尽可能优的设计方案，实现产品优质高效的并行开发。通过将 MDO 方法应用于虚拟样机的设计过程，使 MDO 方法与虚拟样机仿真分析相结合，构建起以虚拟样机为核心的产品多学科集成设计优化平台，由多学科优化来驱动设计分析进程，形成虚拟样机集成的闭环迭代优化过程。通过建立合理的多学科协同优化体系，从结构上解决产品多性能参数优化计算的复杂性，利用虚拟样机仿真，使各学科设计人员直观地观察到产品设计方案的改进变化对产品性能的影响。

1. 复杂产品并行设计过程

传统的产品串行设计过程返工系数较高，越是设计后期，发现的产品设计缺陷越难修改，且设计周期长造成了总成本过高。为最大限度地缩短产品设计周期，必须在产品设计的第一步流程上就实施并行设计，通过优化和重组产品设计流程[6]，组织多学科设计团队协同完成设计任务，尽量在时间概念上达到设计流程与设计方案的并行化，按照并行模式进行模块化、系列化方案设计，建立起并行流程模型，在信息集成的基础上更强调过程的集成。

在图 8.2 所示的并行流程模型中，并行设计知识库包含了结构分析、装配分析、工艺分析和制造分析等组件。对于产品设计过程而言，重点关注结构分析及装配分析。其中，结构分析对产品的结构断面、接头形式、材料选择和加强方式等方面进行静动态和安全、疲劳等诸多因素的综合分析及评价，为设计方案提供技术支持；装配分析尤其是虚拟装配分析为设计人员在装配可行性、装配成本和零部件优化设计中做出权衡决策提供依据。因此，概念设计、方案评价和详细设计都是在面向装配、制造的并行设计知识库的支持下进行的，克服了传统设计对设计以外的其他过程因素考虑较少而造成反复设计的缺点。

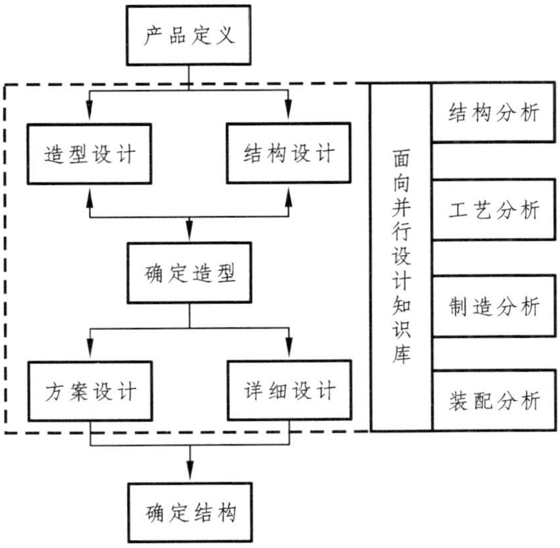

图 8.2　产品设计并行流程模型

2. 产品设计过程的数学表达

从系统工程的观点看，复杂产品的总体设计是一个复杂的多输入多输出反馈系统，图 8.3 为以复杂产品为研究对象的复杂机械产品设计系统工作过程。

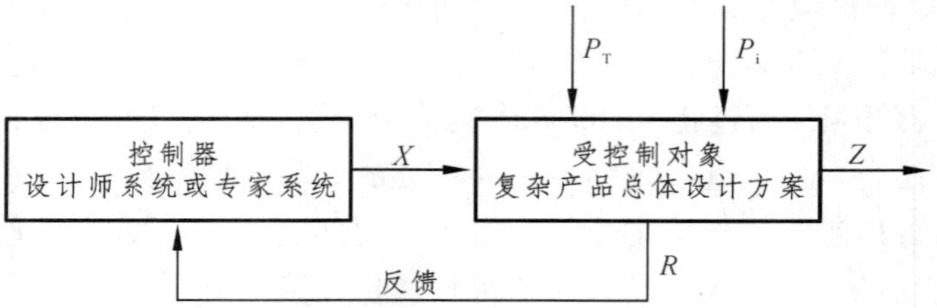

图 8.3　控制系统过程示意图

图中，P_i 为输入参数，表示任务要求，通常为技术指标；P_T 为摄动参数，具有随机性，表示设计中的不确定性；X 为控制参数，直接作用于产品总体方案，一般指设计变量；R 为状态参数，决定总体方案的内部联系和表示发展过程的动态特性；Z 为输出参数，即设计方案的性能参数。上述参数都是矢量形式，其数学关系表达式为

$$\overrightarrow{\boldsymbol{Z}} = \boldsymbol{f}(\overrightarrow{\boldsymbol{P}_{\mathrm{i}}}, \overrightarrow{\boldsymbol{X}}, \overrightarrow{\boldsymbol{R}}, \overrightarrow{\boldsymbol{P}_{\mathrm{T}}}) \tag{8.1}$$

这样一个系统的最优化通常是多变量多目标权衡问题，传统做法是将该多目标优化问题转化为单目标优化问题，如主目标法和统一目标法，在某个子系统内部将系统某一关键输出作为优化的目标函数，而将其他输出以约束的形式加以考虑，对单一目标函数采用比较成熟的数学规划方法来处理，获得最优解。但是，由于复杂产品的数学模型比较复杂，子系统之间相互影响，耦合变量众多，造成传统优化方法的处理效率低下。为实现产品整体性能的优化，复杂产品设计需要首先进行总体方案优化，然后进行动力、结构、控制等子系统优化，最后进行工艺设计[7]。这种设计模式的实质仍属于单学科范围内的串行设计范畴，难以充分利用各学科之间的协同效应，极有可能达不到系统最优，很难符合更好、更快、更便宜的设计发展潮流。随着产品设计专业分工越来越细，子系统之间的耦合越来越紧密，各子系统目标函数所表达的性能指标往往相互矛盾，因此需要 MDO 技术来支持设计过程，以协调子系统之间的耦合联系。

目前，复杂产品的设计思想已日趋理性，改变了过去不惜成本片面追求产品完美性能的做法，在保证产品整体性能满意的同时，复杂产品的设计目标转向了利用现代优化设计方法，最大限度地降低设计和制造成本，缩减开发周期，提高产品的市场竞争力。

3. 产品设计不同阶段 MDO 应用特征

复杂产品的数字化设计过程仍可分为概念设计、初步设计和详细设计三个典型阶段，但三个阶段之间的界限却日趋模糊，随着设计过程的逐步深入，设计人员获得了关于设计目标更多的知识，而设计的自由度却随之减少。由于设计过程中各学科所起到的作用不等，难以达到总体最优，为了解决该问题，就需要在设计过程各阶段综合考虑多学科的协同效应来提升设计质量，进而提高产品整体性能[8]。

4. 设计初期产品总体方案的多学科优化

复杂产品的子系统数目众多且相互关联、制约，设计变量、外部约束与决策目标多，结构层次复杂，这就决定了其开发过程的高风险性和有限的可逆转性[9]。复杂产品的开发往往有较大规模的初始投入，其设计过程有限的可逆转性决定了在开发初期就应有一个比较完善的设计决策方案，合理地平衡一些相互冲突的技术与经济要求，在概念设计阶段，就能综合考虑所有学科的交叉影响，适当延长概念与初步设计周期，为详细设计留有较多的自由度与设计权衡，以实现产品的整体性能优化。

5. 设计中期产品虚拟样机的多学科优化模式

MDO 方法用分布式优化原理为产品全生命周期的并行设计、协同优化提供一个实施策略，帮助设计人员以尽可能高的效率获得产品尽可能优的整体设计方案。因此，MDO 方法必须要融入复杂产品的数字化设计流程之中[10]，与已有的数字化设计方法、虚拟样机技术、先进仿真技术结合起来，形成一个闭环的自动迭代过程。

1）融入 MDO 的复杂机械产品集成设计平台

产品数字化设计过程的实质就是全生命周期内产品虚拟样机数字化模型的不断分析、仿真、优化与完善的过程。融入 MDO 的产品数字化设计集成平台如图 8.4 所示，采用基于接口的软件集成方法，通过协同优化框架，将产品的功能与设计方案同实现这些功能或方案的布局、机构及尺寸等集成起来，通过对产品多种性能的仿真分析，来验证和优化设计方案。

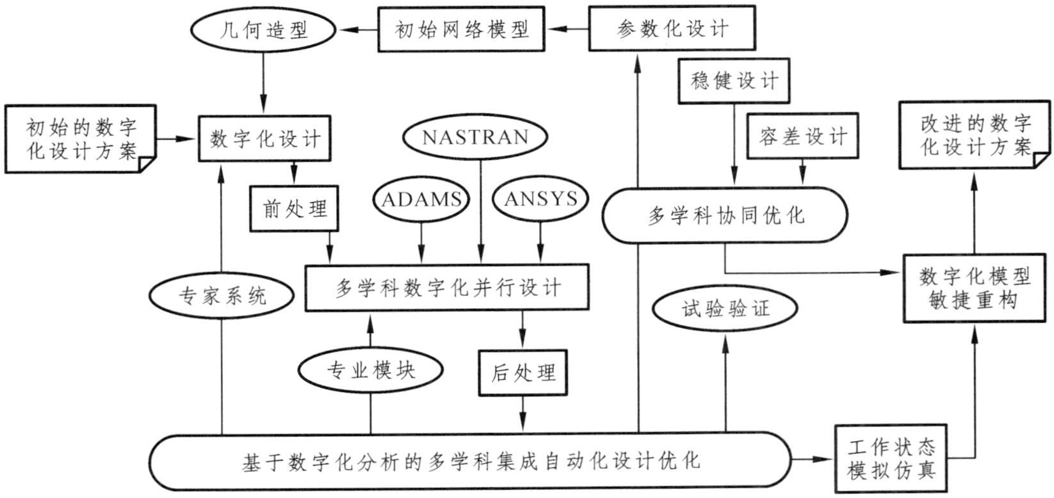

图 8.4 融入 MDO 的数字化设计集成平台

基于多学科设计优化思想构建的产品集成设计平台，充分利用虚拟样机现有的支撑技术[11]，采用商用软件接口将现有的 CAD/CAE 软件同 MDO 技术集成起来。通过引入专家系统来扩大数字化模型的参数提取和知识描述能力，利用 CAD 软件参数化建模能力建立产品的实体模型，经过多学科 CAE 软件并行分析，进入后处理，基于模型转换思想将 CAD 视图模型转换为数学优化模型[12]，进行多学科优化，再将优化结果反馈回原数字化设计模型，驱动设计分析过程的反复进行，形成了闭环的自动化流程。同时，设计优化结果由虚拟样机的仿真特性显示出来，通过工作状态的虚拟测试与验证，最终获得改进的设计方案，实现复杂产品设计性能的“立优即现”，该平台将最新设计理论和应用技术进行集成与应用，构成一个高效的产品设计系统，实现整个产品数字化开发过程的信息集成，极大地缩短了产品设计周期，为复杂机械产品虚拟样机的优质设计提供必要条件。

2）产品虚拟样机的多学科优化过程

基于概念设计阶段综合优化后的产品设计方案，建立起产品的虚拟样机主模型视图，经过系统分解，以产品主模型视图为导向构建多学科或零部件级分析应用模型；通过软件集成进行多领域 CAE 仿真分析，求解产品整体性能优化所需的关键技术参数；利用虚拟样机仿真验证，评估设计方案的可行性；采用模型转换技术，基于各学科分析模型，建立优化数学模型，选择合适的优化策略，进行设计空间搜索，控制优化流程；通过仿真验证不断评估和改进设计方案，驱动设计过程的迭代循环，形成集成的、自动优化过程。以虚拟样机为核心，融入 MDO 的复杂机械产品多学科优化设计过程如图 8.5 所示，融入 MDO 后的产品虚拟样机数字化设计过程将是一个集成的自动迭代过程，MDO 在整个过程中的角色，如同一台机器的引擎，不停地驱动设计分析过程的执行，不知疲倦也无须人工干预，将设计人员从重复性的工作中解脱出来，以专注于产品设计本身，无须过问执行过程，提高了设计效率；通过仿真，对产品的整体多性能进行权衡考虑，不断地细化改进设计模型，提高设计质量。虚拟样机的多学科优化设计过程，实质上就形成了复杂机械产品多学科设计、分析与优化、仿真相集成的一体化流程。

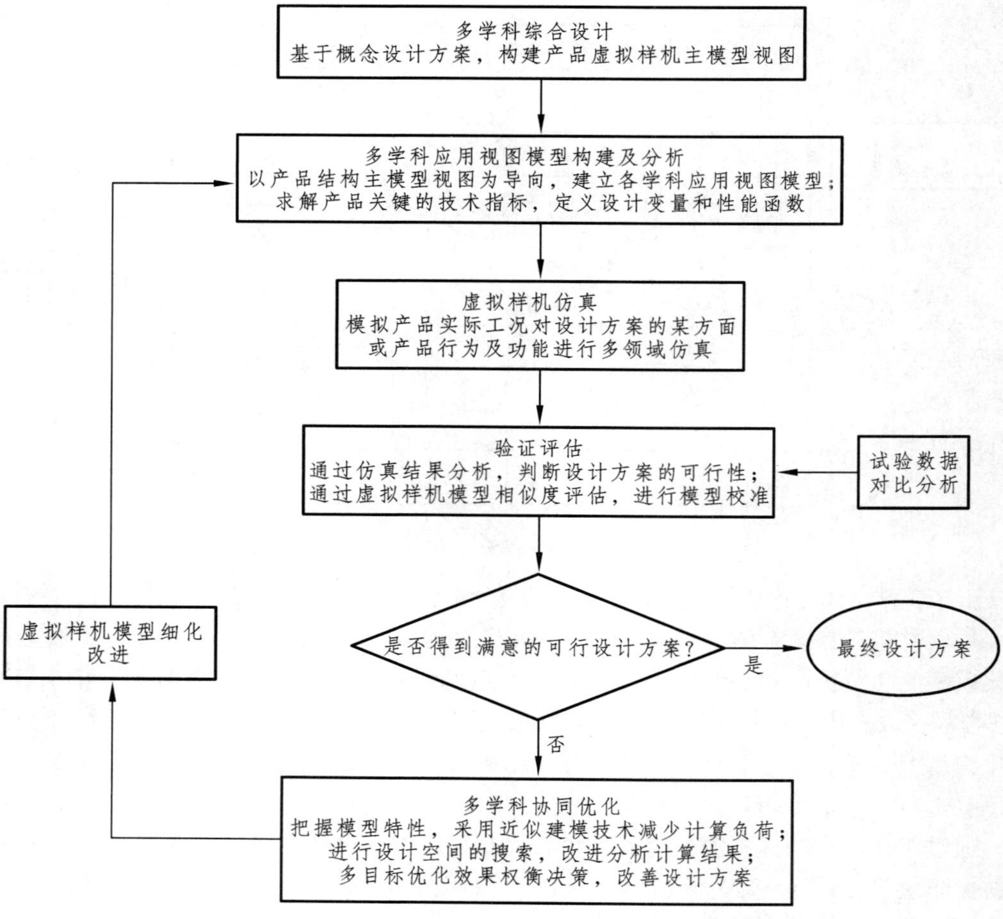

图 8.5　融入 MDO 的复杂机械产品虚拟样机优化过程

6. 设计后期产品结构的局部优化改进

设计后期产品结构的局部优化改进主要进行零部件的设计，可以通过建立几何模型、材料属性、边界条件和加载条件等参数，对零部件进行强度分析、疲劳分析和模态分析。强度分析是指对零部件在静态或动态加载下的承载能力进行评估。在虚拟样机中，可以通过有限元分析等方法，计算零部件的应力、应变、变形等参数，从而判断其是否满足设计要求。强度分析可以帮助设计师优化零部件的结构，提高其承载能力和安全性。疲劳分析是指对零部件在循环加载下的寿命进行评估。在虚拟样机中，可以通过疲劳分析软件，计算零部件的疲劳寿命、疲劳损伤等参数，从而判断其是否满足设计要求。疲劳分析可以帮助设计师预测零部件的寿命，避免因疲劳失效而导致的安全事故。模态分析是指对零部件在自由振动下的固有频率和振型进行评估。在虚拟样机中，可以通过模态分析软件，计算零部件的固有频率、振型等参数，从而判断其是否满足设计要求。模态分析可以帮助设计师了解零部件的振动特性，避免因共振而导致的结构破坏和噪声问题。

8.6 基于多域物理模型的多层级协同仿真与优化技术

复杂产品进行多域协同仿真时，如何了解不同物理域之间的耦合关系，定义不同物理域之间的数据传递以及输入输出，是实现多域物理模型的多层级协同仿真及优化的关键。

1. 动力学工具开发

Simpack 可以通过输出变量文件 SubVars，来达到在外部通过修改文本对计算变量的修改，然后建立 Simpack 脚本及批处理文件对模型进行批处理计算。

2. 流固耦合工具开发

OpenFOAM 是一个 C++类库，其用于创建可执行文件，如应用程序（application）。OpenFOAM 内置的应用程序有两类：求解器（solver）与工具（utilities）。求解器是为解决特定的连续介质力学问题而设计的；工具则是为执行数据操作等任务而设计的。

OpenFOAM 的一个特点是用户可以通过一些必要的知识（数学、物理和编程技术等）创建新的求解器和工具。

OpenFOAM 需要前处理和后处理环境。OpenFOAM 本身包含前处理和后处理接口，以确保不同环境之间数据传输的一致性。

3. 结构仿真工具开发

APDL 的全称是 ANSYS Parametric Design Language，也叫作 ANSYS 参数化设计语言。APDL 不仅是优化设计和自适应网格划分等 ANSYS 经典特性的实现基础，也使得日常分析更加便利。

APDL 的运用主要体现在用户可以利用程序设计语言将 ANSYS 命令组织起来，编写出参数化的用户程序，从而实现有限元分析的全过程，即建立参数化的 CAD 模型、参数化的网格划分与控制、参数化的材料定义、参数化的载荷和边界条件定义、参数化的分析控制和求解以及参数化的后处理。在调用 ANSYS 进行二次开发计算时，APDL 是一个非常重要的工具。

4. 噪声工具开发

作为振动声学领域中技术领先者和公认的工业标准，LMS Virtual.Lab Acoustics 提供了从振动噪声到流体噪声，从声辐射到声振耦合，从部件级到系统级，从低频到中高频，从前处理、求解器直到结果后处理的一个完整的解决方案。为产品从概念开发、虚拟样机设计修改，直至最后的试验验证提供了最完整的声学仿真分析集成平台解决方案。

5. 疲劳寿命预测工具开发

雨流计数法是基于雨滴下落过程提出的。雨流计数法有两种形式：三点循环计数法和四点循环计数法。考虑到前者是后者的特殊情况，采用四点循环计数法进行编程。

8.7 基于多域物理模型的多层级协同仿真与优化实训流程

以转向架多层级、多学科分析为例，由于复杂产品具有“多学科”的特点，在对其进行设计验证及仿真分析时，需要了解不同物理域之间的耦合关系，定义不同物理域之间的数据传递以及输入输出，从而实现多域物理模型的多层级协同仿真及优化，其实训技术路线如图 8.6 所示。

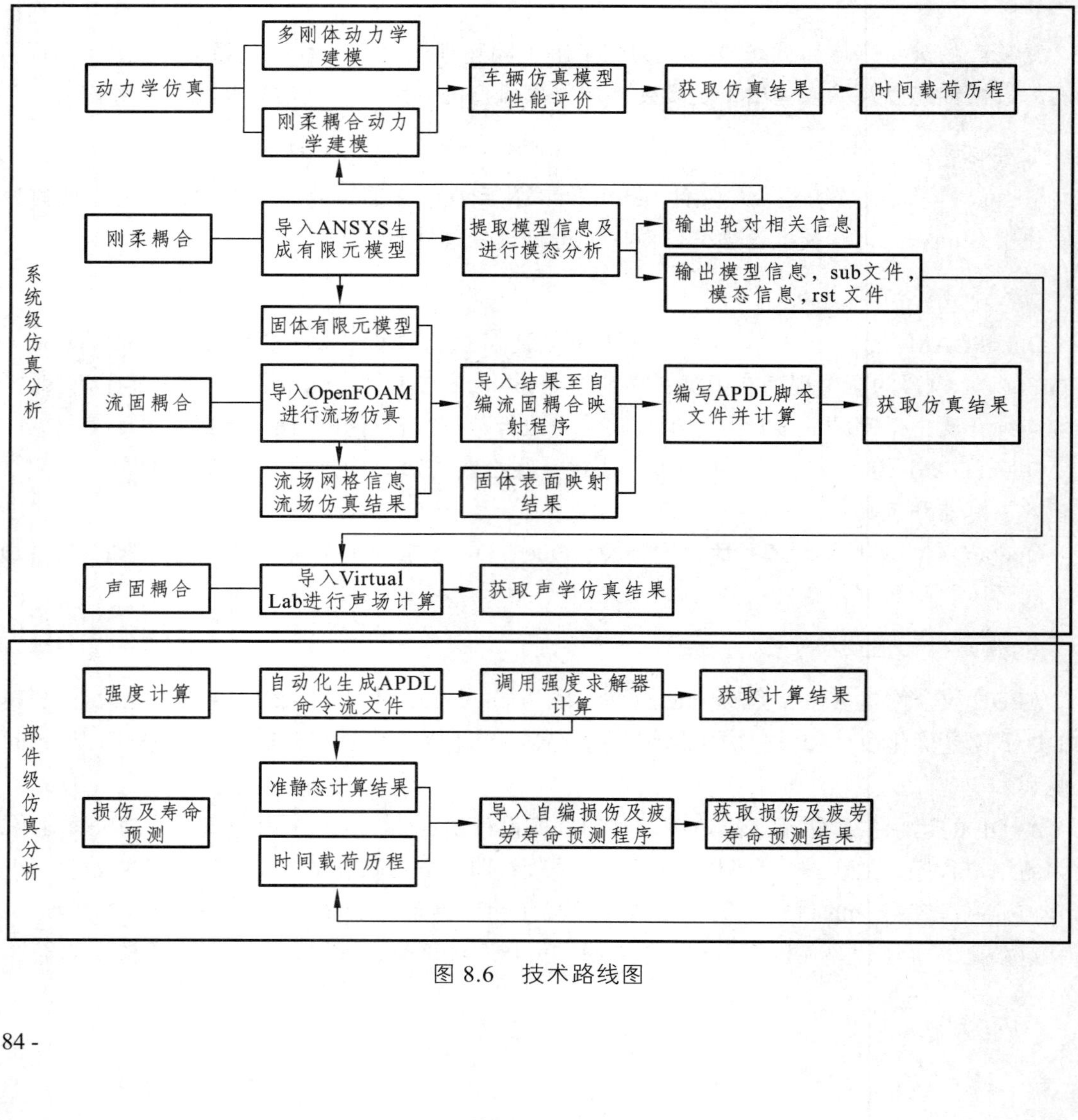

图 8.6 技术路线图

第一，需要研究复杂产品的系统动力学仿真技术，通过动力学仿真结果可以获取复杂产品在运行中的一些工况参数，如时间-载荷历程、速度等。同时，由于复杂产品并不是理想刚体，因此需要通过有限元方法获得其模态结果，并结合动力学仿真技术完成对定制产品的刚柔耦合。

第二，需要研究复杂产品的流-固耦合仿真技术，复杂产品在运行中通常会遇到气动阻力、气流及强风等安全问题，因此针对环境进行的流-固耦合仿真能更好地保证其运行，在该过程中需要建立外部流场环境、流-固耦合数据映射以及固体模型外压力施加。

第三，需要研究复杂产品的噪声仿真技术。噪声作为一种声污染，同样伴随着复杂产品的运行而产生，如果噪声过大，会对复杂产品内部或附近的人造成很大的伤害。噪声可以分为气动噪声和振动噪声，气动噪声是由复杂产品附近的气流所导致的；振动噪声则是由复杂产品内部结构的振动导致的。

第四，需要研究复杂产品的强度仿真技术。复杂产品在运行过程中会常受到外力的影响，导致复杂产品的变形。为了防止复杂产品的变形对其工作造成影响，保证其内部重要结构的可靠性，对其强度的模拟是十分必要的。

第五，需要研究复杂产品的疲劳寿命仿真技术。由于复杂产品的运行环境多变，运行时间较长，因此，预测其运行寿命也十分必要。该部分以第一部分获取的部件时间-载荷历程和第四部分获取的应力结果为输入内容，同时，也需要产品材料的相关参数以及相应的损伤模型。

参考文献

[1] 邱清盈. 机械广义优化设计的若干关键问题研究[D]. 杭州：浙江大学，2000.

[2] 吴宝贵. 基于仿真分析的复杂机械产品多学科设计优化方法研究[D]. 大连：大连理工大学，2008.

[3] 熊光愣，郭斌，等. 协同仿真与虚拟样机技术[M]. 北京：清华大学出版社，2004.

[4] 柴旭东. 基于协同仿真与并行工程的复杂产品虚拟样机技术研究[D]. 北京：清华大学，2001.

[5] 陈立平，张云清，等. 机械系统动力学分析及 ADAMS 应用教程[M]. 北京：机械工业出版社，2005.

[6] 黄金陵. 汽车车身设计[M]. 北京：机械工业出版社，2007.

[7] 王健. 导弹总体多学科设计优化技术[J]. 战术导弹技术，2000，4：1-7.

[8] SAMAMH J A. Use of CAD geometry in MDO[R]. 6th AIAA/I，SafMSA/ISSMO Symposium on Multidisciplinary Analysis and Optimization. Bellevue，WA：NASA Laaglc，1996.

[9] 杜湘瑜，黄柯棣. 支持复杂系统虚拟样机开发的体系结构研究[J]. 计算机仿真，2003，20（5）：34. 37.

[10] 胡凌云. 多学科设计优化技术在卫星总体设计中的应用[J]. 中国制造业信息化，2004，1：17-21.

[11] 赖宇阳. 协同集成设计优化（CIDO）解决方案[R]. 北京：2004 赛特达科技有限公司技术大会，2004.

[12] KWAK B W. Why is optimum design not much practical in industry and how call we make it more usable. Proceeding of the First CJK Joint Symposium on Optimization of Structural and Mechanical Systems[C] .Xi’an：Xidian University Press，1999.

第 9 章　实训项目 8-复杂产品工艺设计及加工仿真

9.1　实训目的

（1）了解复杂产品工艺设计、加工仿真理论及技术。

（2）掌握 CAD 软件中加工工艺设计和制造的基本步骤。

9.2　实训方法

本实训主要按照实训任务和指导教师的要求，完成实训内容。在实训过程中，学生在教师指导下完成分组，了解复杂产品工艺设计及加工仿真的基本理论和技术知识，通过小组协作和讨论形成完整的实训步骤，并利用数字化研发实训室的软件平台，通过上机实验完成实训任务。建议流程如下：

（1）教师讲授复杂产品工艺设计及加工仿真的基本理论、技术；

（2）教师指导学生进行实训分组，建议每组 2 ~ 4 人；

（3）学生按组进行分工，根据实训指导书建议的实训流程制定具体的实训实施方案；

（4）分组进行具体实训，包括实际对象认知、计算机辅助工艺规划、计算机辅助制造、上机、实训报告撰写、实训成果汇报等；

（5）教师统计并总结实训情况。

9.3　机械产品的加工工艺和装配工艺

机械产品的加工工艺是指利用机械加工的方法，按照图纸的模型、图样和尺寸，通过一定的方法和流程使毛坯的形状、尺寸、相对位置和性质成为合格零件的全过程。加工工艺设计是工艺人员进行加工前所需要做的工作，避免在加工过程中发生加工失误，造成经济损失。

机械产品的装配工艺是指按规定的技术要求，将机械零件或部件进行配合和连接，使之成为半成品或者成品的工艺过程。在机械设备制造和维修过程中，机械装配是非常重要的环节，也是机械设备成型的最后一个环节，装配质量的好坏将直接决定机械产品的最终质量，即便机械所有零部件都合格，若在装配过程中出现问题，依然会使机械产品质量出现问题。这涉及机械装配的精度问题，机械产品的装配精度通常包括三方面的内容，即尺寸精度、相互位置精度和运动精度。所有机械产品都是由零件组装而成的，在加工零件的过程中，由于加工工艺上的限制，零件的加工精度会受到一定影响而产生误差，在装配的过程中，这些误差会积累，如果超出装配精度指标就是不合格，对于装配精度要求高的产品，其零件精度也高，但由于加工条件限制，一般零件加工精度不一定能达到要求，所以，机械零件的加工工艺和机械产品的装配工艺对机械产品的精度有着巨大影响[1]。

9.4　机械加工工艺基本知识

1. 机械加工工艺过程概述[2]

1）机械加工工艺过程的基本概念

机械加工工艺过程是机械产品生产过程的一部分，是直接生产过程，是指采用金属切削刀具或磨具来加工工件，使之达到所要求的形状、尺寸、表面粗糙度和力学物理性能并成为合格零件的生产过程。随着制造技术的不断发展，现在所说的加工方法除切削和磨削外，还包括其他加工方法，如电加工、超声加工、电子束加工、离子束加工、激光束加工以及化学加工等。

2）机械加工工艺过程组成

机械加工工艺过程由若干个工序组成。机械加工中的每一个工序又可依次细分为安装、工位、工步和行程。

（1）工序。

机械加工工艺过程中的工序是指一个（或一组）工人在同一个工作地点对一个（或同时对几个）工件连续完成的那一部分工艺过程。根据这一定义，只要工人、工作地点、工作对象（工件）之一发生变化或不是连续完成，则应成为另一个工序。因此，同一个零件、同样的加工内容可以有不同的工序安排。工序安排和工序数目的确定与零件的技术要求、零件的数量和现有工艺条件等有关。

（2）安装。

如果在一个工序中需要对工件进行几次装夹，则每次装夹下完成的那部分工序内容称为一个安装。

（3）工位。

在工件的一次安装中，通过分度（或移位）装置，使工件相对于机床床身变换加工位置，则把每一个加工位置上的安装内容称为工位。在一个安装中，可能只有一个工位，也可能需要几个工位。

（4）工步。

在加工表面、切削刀具、切削速度和进给量都不变的情况下所完成的工位内容，称为一个工步。按照以上定义，带回转刀架的机床（转塔车床、加工中心），其回转刀架的一次转位所完成的工位内容应属一个工步，此时若有几把刀具同时参与切削，则该工步称为复合工步。

（5）行程。

行程（进给次数）有工作行程和空行程之分。工作行程是指刀具以加工进给速度相对工件所完成的一次进给运动的工步部分；空行程是指刀具以非加工进给速度相对工件所完成的一次进给运动的工步部分。行程的概念是为了反映工步中的进给次数与工序卡片相吻合，并能精确计算工步工时，它比过去引用的走刀概念更科学。

3）机械加工工艺系统概述

用系统的概念分析传统工艺过程，就产生了工艺系统。例如，工艺过程中的一个工序，由工作地点上的机床和机床上的工艺装备（夹具、辅具、刀具、量具等）、工件，还有技术工人等元素组成，只有协调各相关元素的工艺要求，才能实现一个工序的最佳化目标。因此，工序就是一个简单的工艺系统。

如果以一个零件的机械加工工艺过程作为高一级的工艺系统，那么该系统的元素就是组成工艺过程的各个工序，必须全面协调组成该零件机械加工工艺过程的各个工序的有关工艺参数，才能实现一个零件机械加工的最佳化目标。对于一个机械制造厂来说，除机械加工外，还有铸造、锻压、焊接、热处理和装配等工艺，各种工艺都可以形成各自的工艺系统。

9.5 计算机辅助工艺规划（CAPP）

工艺规划是进行工装设计、制造和决定零件加工方法与加工路线的主要依据，在理论上承担着将设计规范转换为制造指令的任务。工艺设计必须分析和处理大量信息，包括产品设计图上有关结构形状、尺寸公差、材料及热处理以及批量等因素，以及特定制造资源下相关的加工方法、加工设备、生产条件、加工成本及工时定额，甚至传统加工习惯等。

传统的工艺设计都是由人工进行的，主要存在以下问题：

（1）对工艺设计人员要求高，因此，工艺文件的合理性、可操作性以及编制时间的长短取决于工艺人员的经验和熟练程度，导致工艺文件的设计周期和质量一致性得不到保证。

（2）工艺设计的工作量大，而且效率低。手工进行工艺规程设计一般要经过按零件设计工艺过程、填写工艺卡片、校对、审核、描图、晒图、装订成册等一系列烦琐的工作，相关知识无法有效积累。

（3）无法有效利用 CAD 的图形及数据，同时，所产生的工艺数据也不便于同其他部门进行共享和重用。

（4）工艺设计需要处理大量的图形信息和数据信息，由于数据繁多且分散，因此处理起来烦琐、易出错，难以保证数据的准确性。

随着计算机技术在工艺规划中的逐步应用，计算机辅助工艺规划（Computer Aided Process Planning，CAPP）应运而生。CAPP 不仅可以大大提高工艺部门的工作效率、工作质量，提高信息处理能力和企业各部门间信息的交流能力，还能缩短设计周期、减少编制工艺文件的工作量和产生错误的可能性，以及积累和继承工艺人员的经验；同时，作为 CAD/CAM 的桥梁，CAPP 已逐渐成为一门独立的技术分支。

目前，按照传统的设计方式，CAPP 可分为以下三类。

1. 派生式 CAPP 系统

派生式（Variant）CAPP 的工作原理是：利用零件的结构和工艺相似性，通过检索和修改零件族主模型的标准工艺模板而获得当前零件的工艺规程。在派生式 CAPP 的数据库中存储有各类标准工艺。从本质上讲，这类系统是一种数据检索系统。这就要求派生式系统必须有一定量的模板（标准）工艺文件，在已有工艺文件的基础上修改编制生成新的工艺文件，如图 9.1 所示。根据零件信息的描述与输入方法，派生式 CAPP 系统又分为基于成组技术（Group Technology，GT）的派生式与基于特征（Feature-Based）的派生式。

2. 创成式 CAPP 系统

创成式（Generative）CAPP 系统根据程序中反映的决策逻辑和制造工程数据信息生成加工工艺，这些信息主要是有关各种加工方法的加工能力和对象、各种设备及刀具的适用范围等一系列基本知识。如图 9.2 所示，创成式 CAPP 系统中不存入任何工艺过程方案，它将工艺决策知识用决策表、决策树或公理模型等技术来实现。在输入当前零件的有关信息后，系统可以模仿工艺人员的手工编制过程，利用决策逻辑和制造工程数据信息做出各种工艺决策。创成式 CAPP 系统需要拥有包含其所有工艺决策逻辑的知识库，加之工艺设计过程自身的多样性及复杂性，要实现能够自动排序的完全创成式系统的难度很大，至今也没有开发出完全实用的创成式 CAPP 系统。

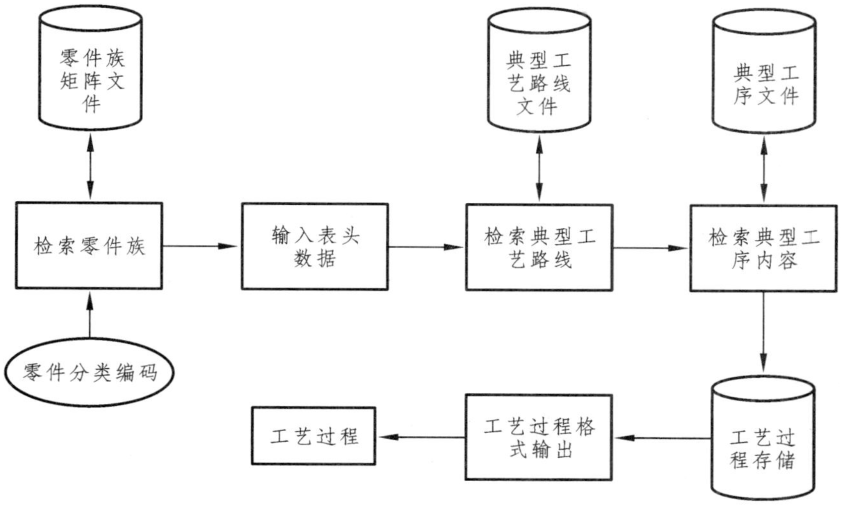

图 9.1　派生式 CAPP 系统工作流程

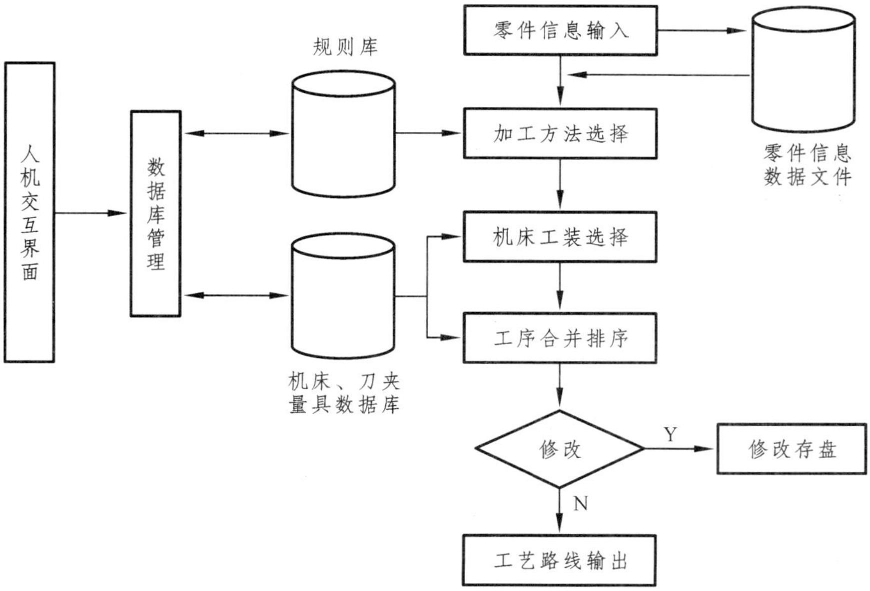

图 9.2　创成式 CAPP 系统工作流程

3. 综合式 CAPP 系统

综合式 CAPP 系统是根据技术发展及实际开发需求，将派生式、创成式与人工智能（AI）及专家系统（ES）技术结合在一起，综合而成的系统。

上述三种 CAPP 系统目前都没有成熟可选用的商品化系统，需根据企业实际情况进行定制。

9.6 计算机辅助制造（CAM）

计算机辅助制造（CAM）是利用计算机来代替人完成制造以及与制造系统有关的工作。通常，CAM 定义为能够通过直接或者间接地与工厂生产资源接口的计算机来完成零件加工计划、操作工序控制和管理工作的计算机系统。

利用 CAM 系统对 CAD 系统产生的产品数学模型，选择正确加工工艺参数，生成、编辑、仿真刀具的运动轨迹，以实现产品的虚拟加工，并编制 NC 机床的控制程序。计算机辅助编制 NC 程序，不但效率高，而且错误率低。根据机械 CAM 技术覆盖的领域不同，可以将其分为以下两大类。

1. 狭义的 CAM

狭义的 CAM 即计算机辅助编程，具体包括：

• 代码生成，根据零件的设计模型，利用计算机自动生成该零件的数控加工代码。

• 代码仿真，在使用代码之前，在计算机中运行该数控代码，进行虚拟数控加工，观察加工中的机床运行情况和零件的切除情况，确保在切削中没有干涉碰撞现象，确保零件加工的正确性。

2. 广义的 CAM

广义的 CAM 指应用计算机进行制造信息处理的全过程，主要包括：

• 计算机辅助工艺规划（CAPP）编制。利用计算机编写零件加工的工艺路线，选择合理的加工设备和切削参数，制定合理的检验方法。

• 计算机辅助质量管理（Computer Aided Quality，CAQ）控制。对产品质量进行及时检查，并提出分析报告，对生产的组织、进度和其他的管理问题及时跟踪、反馈，并辅助做出决策。

9.7 CAPP 与 CAM 综合实训流程

CAD、CAPP、CAM 一体化实现流程如图 9.3 所示。

CAD 系统完成构建零部件 CAD 模型、构建毛坯 CAD 模型、CAD 模型特征提取和模块识别等工作。CAPP 在 CAD 特征支持下，完成工艺推理和决策，形成加工工艺参数信息和相应的加工设备信息。CAM 系统在 CAD、CAPP 系统支持下，进行加工仿真，包括构建零件加工仿真模型、生成刀位文件、进行后置处理和生成零件数控加工代码等步骤。本实训项目重点是 CAM 部分，建议在实训项目 2、3 的基础上进一步开展，可以参考的技术流程如图 9.4 所示。

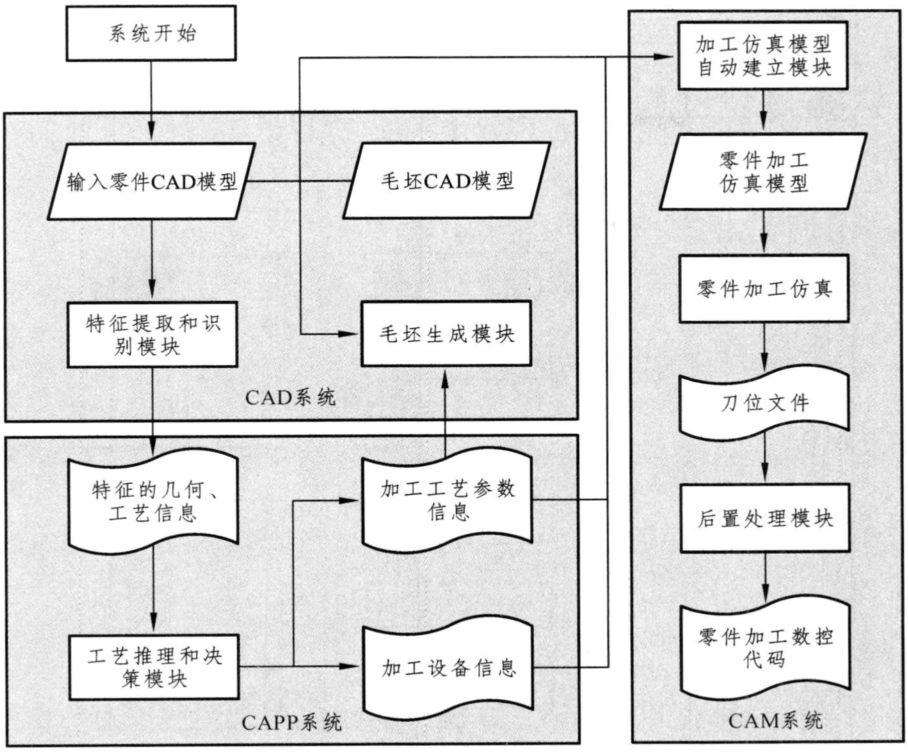

图 9.3　CAD-CAPP-CAM 集成实现流程

参考文献

[1] 刘海英. 机械装配及关键技术分析[J]. 科技创新导报，2018，15（31）：61-62.
[2] 李红梅，刘红华. 机械加工工艺与技术研究[M]. 昆明：云南大学出版社，2019.

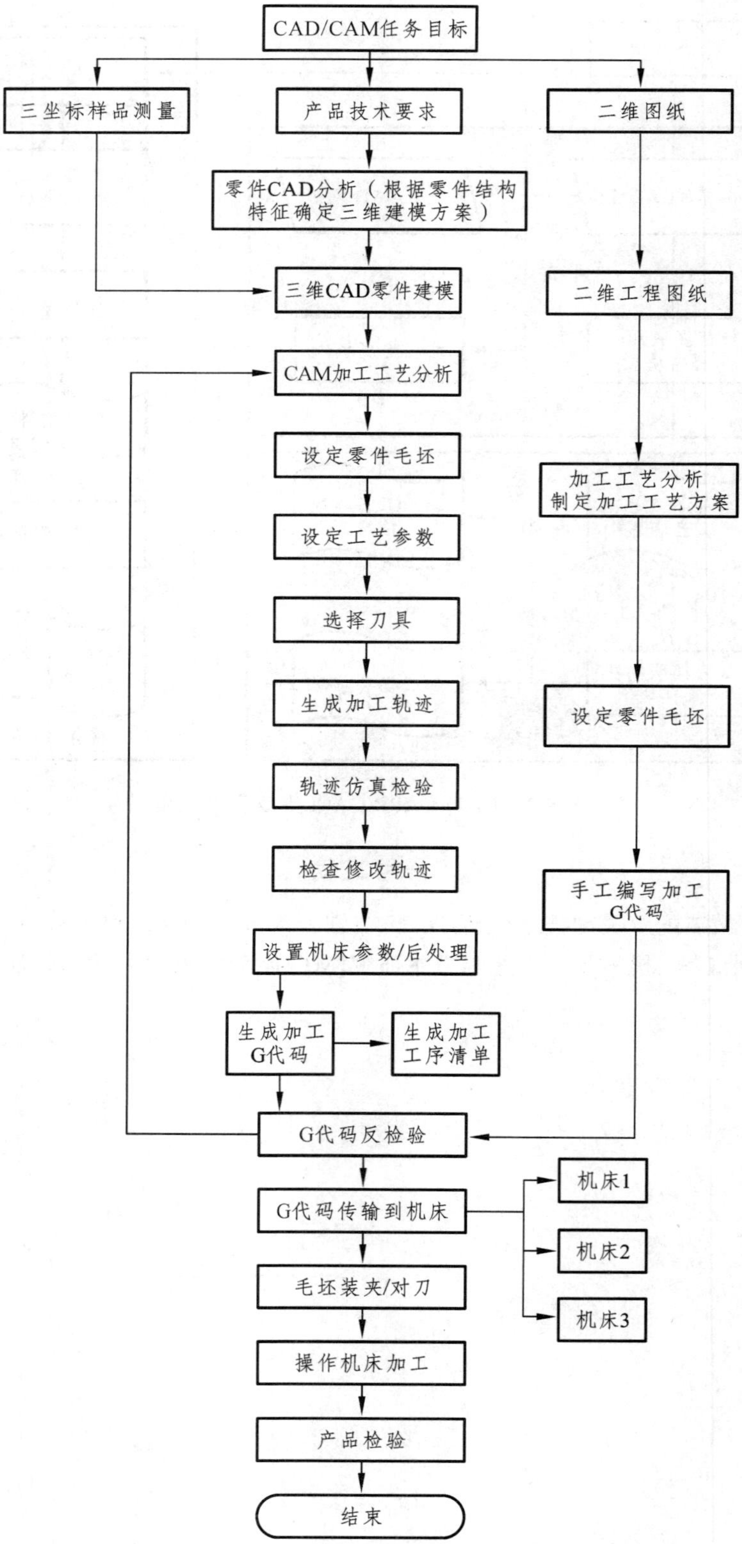
CAD/CAM任务目标
三坐标样品测量
产品技术要求
二维图纸
零件CAD分析（根据零件结构特征确定三维建模方案）
三维CAD零件建模
二维工程图纸
CAM加工工艺分析
设定零件毛坯
加工工艺分析
制定加工工艺方案
设定工艺参数
选择刀具
生成加工轨迹
设定零件毛坯
轨迹仿真检验
检查修改轨迹
手工编写加工G代码
设置机床参数/后处理
生成加工G代码
生成加工工序清单
G代码反检验
机床1
G代码传输到机床
机床2
毛坯装夹/对刀
机床3
操作机床加工
产品检验
结束
图 9.4　技术流程

第 10 章 实训项目 9-可视化仿真及验证技术

10.1 实训目的

（1）了解复杂产品装配过程可视化仿真及验证技术。

（2）掌握 CAD 软件中零部件可视化装配的基本步骤。

10.2 实训方法

本实训主要按照实训任务和指导教师的要求，完成实训内容。在实训过程中，学生在教师指导下完成分组，了解复杂产品装配过程可视化仿真及验证技术，通过小组协作和讨论形成完整的实训步骤，并利用数字化研发实训室的软件平台，通过上机实验完成实训任务。建议流程如下：

（1）教师讲授复杂产品装配过程可视化仿真及验证的基本理论、技术；

（2）教师指导学生进行实训分组，建议每组 2 ~ 4 人；

（3）学生按组进行分工，根据实训指导书建议的实训流程制定具体的实训实施方案；

（4）分组进行具体实训，包括实际对象认知、零部件可视化装配、上机、实训报告撰写、实训成果汇报等；

（5）教师统计并总结实训情况。

10.3 可视化仿真技术

1. 虚拟现实技术[1]

1995 年，Milgram 等人提出了现实-虚拟（RV）来定义增强现实和虚拟现实之间的关系，如图 10.1 所示。RV 代表了真实环境和虚拟环境之间的无缝连续体，这两个对立环境之间的空间被称为混合现实。

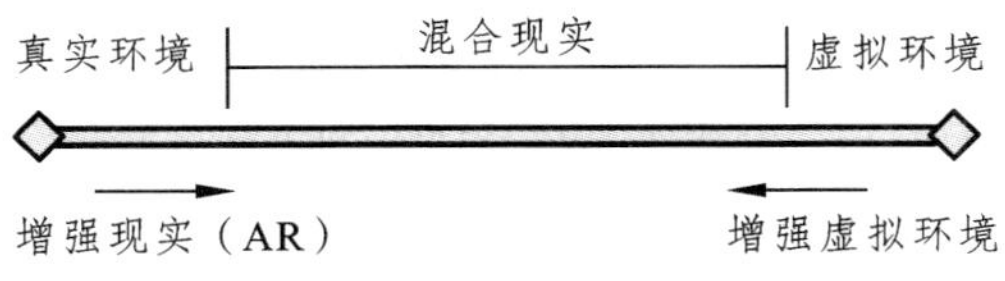

图 10.1 增强现实和虚拟现实之间的关系

如图 10.1 所示，连续体的右端被称为虚拟环境，可以用虚拟现实（VR）的概念来表示。虚拟环境提供了一个人工的“世界”，用户完全沉浸在其中。虚拟环境是由计算机图形学或特定模拟引擎模拟的虚拟对象组成的环境，这些虚拟对象可能通过数字模型和算法模拟真实再现物理世界的某些方面。然而，这样的环境通常不受严格的物理规则的约束。

虚拟现实技术包含硬件和软件两方面内容，其系统通常由输入设备、输出设备、虚拟世界数据库、专业图形处理计算机以及软件系统等软硬件构成。

虚拟现实关键技术主要包括人机交互技术、传感器技术、动态环境建模技术、系统集成技术和三维图像的实时刷新技术。

在人机交互方面，VR 产品多以含有螺旋仪传感器的眼镜（或头盔）和控制手柄为主，此外有些产品还加入了语音识别和三维定位技术用来辅助交互。

传感器技术方面，目前 VR 设备传感器效能主要分为 3DoF 自由度和 6DoF 自由度。3DoF 即只使用一个陀螺仪，仅可实现上下、左右、前后的回转动作。6DoF 在 3DoF 的基础上增加了上下、左右、前后的移动动作，其依靠电磁传感器、超声波传感器或红外传感器配合基站的外向内定位或内向外定位来判断位移改变。

动态环境建模技术即利用三维数据建立虚拟环境模型，其重点是进行真实感绘制，其主要任务是模拟真实物体的物理属性，即物体的形状、光学性质、表面纹理的粗糙程度，以及物体间的相对位置、遮挡关系等；系统集成技术是用来对传感器设备、模型、信息等资源进行统一调度，解决系统与系统之间的互联和可操作性问题；三维图像实时刷新技术即对显示的图像实时刷新，让体验者获取类似于真实世界的视觉体验，为了保证沉浸感，刷新频率至少要每秒 15 帧。

近年来，虚拟现实技术越来越受欢迎。今天，从工程、游戏、电影到医学，它被广泛应用于各个领域。虚拟现实提供了功能，可以在飞机、汽车或其他种类的机器和其他产品建造之前，以 1∶1 的比例查看巨大的模型，可以与位于地球另一端的人进行空间参照，甚至可以与同一物体进行交互。总体而言，虚拟现实通过三个“I”，即 Immersion（沉浸）、Imagination（想象）以及 Interaction（交互），为用户提供对虚拟 3D 模型的真实理解，如图 10.2 所示。

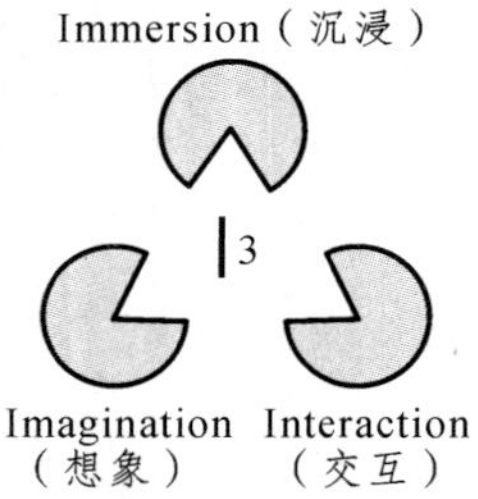

虚拟现实通过三个“I”实现认知参与。

Immersion（沉浸）：沉浸在虚拟环境中

Imagination（想象）：允许将功能转移到虚拟环境中

Interaction（交互）：用户与AR进行交流

图 10.2　虚拟 3D 模型

2. 增强现实技术[2]

增强现实（AR）技术通过叠加的方式，用计算机生成的感知信息丰富现实世界的对象。作为计算研究领域和行业的一部分，AR 代表多模式增强；它通常与同时看到两个世界的视觉感觉有关——智能投射的虚拟图像与真实的三维环境混合在一起。这样做的好处在于通过附加的有意义的上下文敏感信息增强用户对其物理环境的视觉感知。通过计算机视觉等先进技术，虚拟对象成为视觉消费的可执行文件，并且是工作场景中扩展用户交互的基础。

工业增强现实技术的开始可以追溯到 20 世纪 60 年代，当时有第一个研究原型，而从 20 世纪 90 年代到今天，发展稳步上升。从那时起，该技术已经从实验研究项目的主题发展到能够提供有效和可扩展的应用程序，以帮助工程师进行日常工作。如今，大型科技公司已经将 AR 视为一项关键技术，对其进行了大量投资，并已经提供了强大的硬件和软件解决方案。如 AR 头戴式显示器，采用微软 HoloLens 2 技术（见图 10.3），允许长达 1 ~ 2 h 的连续交互工作。

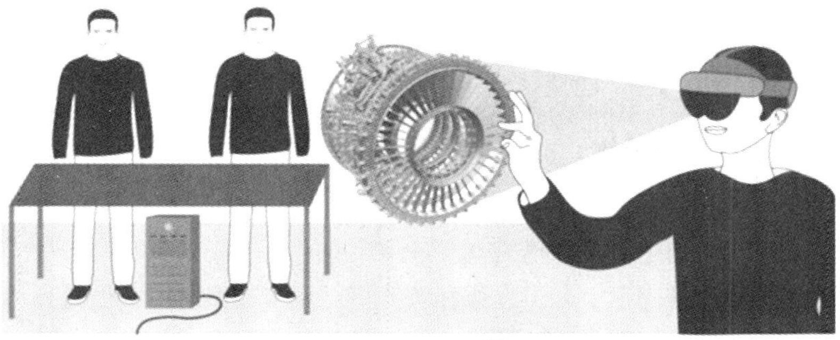

图 10.3　微软 HoloLens 2

2018 年，AR 被列为十大最具战略意义的技术趋势之一，具有长期影响技术发展的潜力。德意志银行之前进行的一项研究预测，到 2020 年，全球 AR 市场将从 5 亿欧元增长到 75 亿欧元。改进的硬件和跟踪算法使增强现实越来越有吸引力。Gartner Research Group 每年都会对 AR 解决方案的技术和应用相关定位进行类似的评估，例如作为高级虚拟助手的一部分。

目前的增强现实技术主要是视觉增强现实技术，核心在于虚拟信息和真实世界在物理空间中的匹配以及可视化。增强现实是一个多学科交叉的研究领域，内容纷繁复杂，选取其中某个点深入下去都可以作为长久的研究课题。一个完整的 AR 系统至少有三个部分：跟踪、注册和显示。

显示技术：通过直接透射外界的光线，并且反射微投影器件产生的虚拟图像到人眼中，达到虚实融合的效果或者是将固定在头盔上的摄像头所捕获的图像，通过视点偏移以达到显示的效果。目前，市场上主要的显示设备有头盔显示器、手持式显示器、固定式显示器、投影式显示器。

跟踪技术：系统在真实场景中根据目标位置的变化来实时获取传感器位姿，并按照使用者的当前视角重新建立空间坐标系，同时将虚拟场景渲染到真实环境中，确定准确的位置。

注册技术：虚拟场景准确定位到真实环境中的过程。

3. 混合现实技术

MR 是 Mixed Reality 的缩写，即混合现实，是融合真实和虚拟世界的技术。混合现实概念由微软公司提出，强调物理实体和数字对象共存并实时相互作用，如虚实遮挡、环境反射等。比较而言，AR 强调的是对真实世界的增强，MR 则更强调虚实的融合，更关注虚拟数字世界与真实现实世界之间的交互，如环境遮挡、人形遮挡、场景深度、物理模拟，也更关注以自然、本能的方式操作虚拟对象。

在混合现实环境中，真实世界环境被计算机生成的文字、图像、视频、3D 模型、动画等虚拟信息“增强”，甚至可以跨越视觉、听觉、触觉、体感和嗅觉等多种感官模式。叠加的虚拟信息可以是建设性的（即对现实环境的附加），也可以是破坏性的（即对现实环境的掩蔽），并与现实世界无缝地交织在一起，让人产生身临其境、真假难辨的感官体验，分不清虚实。通过这种方式，混合现实可以改变用户对真实世界环境的持续感知，这与虚拟现实将虚实隔离，用虚拟环境完全取代用户真实世界环境完全不一样。

混合现实技术具有情景交融、真实感强和沉浸感强的特点。MR 可视化环境中包括了虚拟世界和现实世界，既需要 VR 技术的支持，也需要 AR 技术的支持。因此，MR 系统具备场景采集系统、场景建模系统、场景注册系统和成像系统 4 个基本子系统，系统结构如图 10.4 所示[3]。

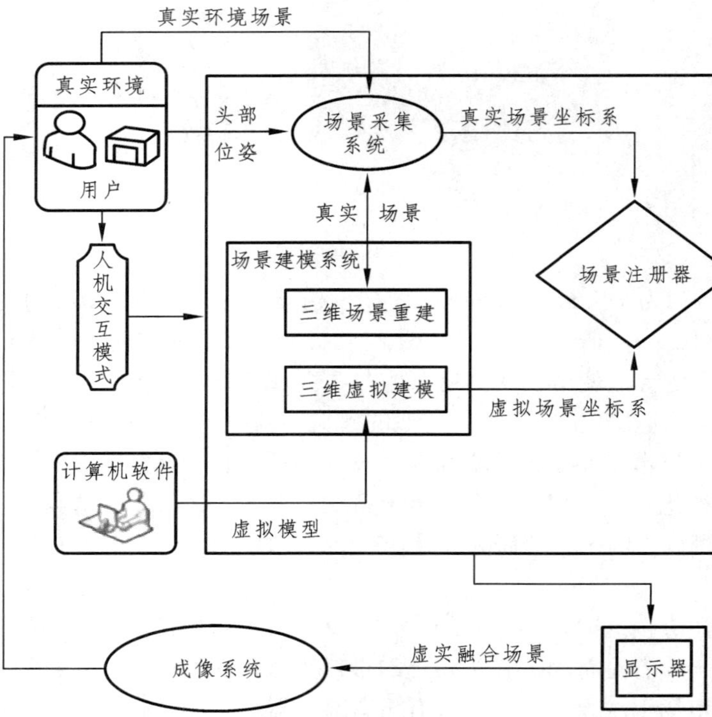

图 10.4　典型 MR 系统结构框图

- MR 场景采集系统负责识别搜集真实环境信息和数据，包括环境的轮廓和物体在真实环境中的坐标等信息，提供给其他系统。
- MR 建模系统包括三维建模和场景重建。
- MR 场景注册系统的作用是对虚拟世界坐标系和真实世界坐标系进行配准。
- MR 成像系统目的在于实现高度真实感的虚实融合效果，为用户呈现可视化融合环境。

MR 技术强调自然交互。交互方式可概括为 4 种交互方式和 3 种空间技术，即视线（gaze）、手势（gesture）、语音（voice）、协同分享（sharing）和空间映射（spatial mapping）、空间坐标（spatial coordinate）、空间声音（spatial sound），如图 10.5 所示。

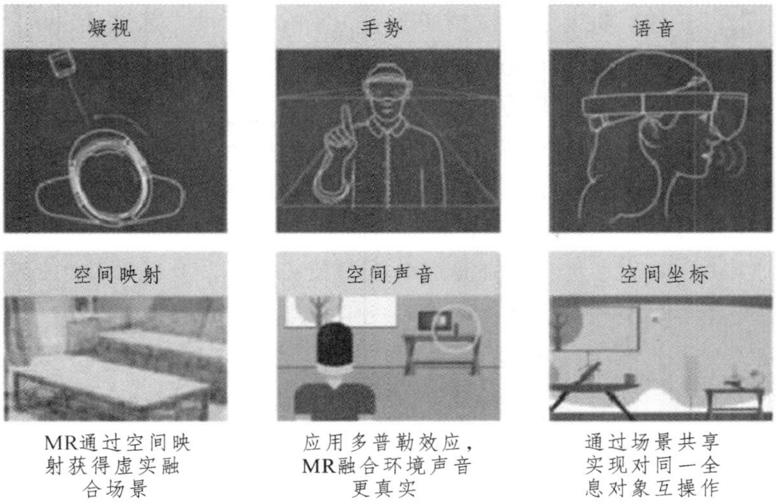

图 10.5　MR 交互技术示意图

视线交互手段可以进一步分为注视功能和瞳孔测量。注视功能包括凝视、扫视、驻留和过渡等。手势交互主要包括基于传感器和基于机器视觉两种方式。其中，基于传感器的手势交互是通过数据手套或者运动传感器等设备实时跟踪返回用户手部各部位的三维坐标来获得手部的运动信息进行交互。基于机器视觉的手势交互是用摄像机采集手势图像后由计算机分析的一种交互手段。此外，用户、环境和 MR 系统之间还可以通过触觉、生理信息（如脑电、心电）等多种手段进行交互。系统延迟、位置感知、真实感、疲劳是 MR 中重要的人因。MR 交互技术研究的目的是使系统具有更好的自解析性、易学性、较高的用户满意度和错误容忍度，从而降低 MR 系统的延迟。

10.4　虚拟装配技术概述

1. 虚拟装配技术的内涵

虚拟制造是在 20 世纪 90 年代提出的新概念，它的产生是需求牵引和新技术推动的结果，也是制造过程仿真科学发展的必然趋势。虚拟装配是虚拟制造技术的关键组成，但像许多新兴学科一样，迄今为止，虚拟装配尚没有统一的定义，许多学者从不同的角度阐述了自己对虚拟装配的理解。

美国华盛顿州立大学的 Sankar Jayaram 等人最早对虚拟装配进行了系统化的研究和开发，首次给出了虚拟装配的定义：利用计算机工具，在没有物理实现产品或支持过程的情况下，通过分析、预建模、可视化、数据表示等进行或者辅助进行装配相关的工程决策。该定义侧重于从整体上描述虚拟装配，是现在能够被广泛接受的一个定义。

德国 Bielefeld 大学的 Bernhard Jung 等人将虚拟装配描述为在虚拟环境中使用虚拟现实交互方式（如直接操作和自然语言命令）构建虚拟产品原型。与传统 CAD 的装配相比，虚拟装配的重点在于直观的人机交互，通过直接操作零件和自然语言命令，从而直接完成装配操作。这一定义侧重于从具体的表现形式上刻画虚拟装配。

清华大学的肖田元等人认为：虚拟装配是装配过程在计算机上的本质实现，是基于产品的数字化实体模型，在计算机上分析与验证产品的装配性能及工艺过程，从而提高产品的可装配性。装配在此有双重含义：一是由零部件组成的静态装配体，二是该装配体的形成过程。

Song J 等人给出的定义是：虚拟装配是指利用虚拟现实技术、计算机图形学、人工智能技术和仿真技术等构造虚拟环境以及产品虚拟模型，从而在产品装配过程中进行交互分析以及仿真产品装配过程和装配结果。它不仅能够检验、评价以及预测产品的可装配性，并且能够面向装配过程提供直观的、经济合理的规划方法。

综合上述观点可以看出，虚拟装配是以装配对象（产品及其零部件）的三维数字模型为基础，通过虚拟的实体模型在计算机上仿真装配的全过程，进行装配操作及其相关的系统分析，实现产品的装配工艺规划，并得到能指导实际装配操作的工艺文件，最终指导生产过程的装配。

2. 虚拟装配技术的特点

作为一个新兴研究领域，虚拟装配实际上是多种技术的结合，其发展与产品设计方法学、可视化技术、仿真技术、装配制造技术以及装配和制造设备的发展等紧密相关。虚拟装配的特点可以归结如下：

（1）以可装配性的全面改善为目的。可装配性就是产品及其装配元件（零件或子装配体）容易装配的能力和特性，衡量其优劣应综合考虑技术因素、经济因素和社会因素。因此，虚拟装配所追求的应是可能降低成本产品总成本，同时还必须兼顾人因工程和环保等社会因素。

（2）以操作仿真的高逼真度为特色。主要体现在虚拟装配实施对象、操作过程以及所用的装配资源，均与生产实际情况高度吻合，因而可以生动直观地反映产品装配的真实过程，使仿真结果具有高可信度。产品装配对象及装配资源的三维实体建模是确保高逼真度的前提条件，VR 则可以进一步增强人与操作环境交互的自然化。

（3）是一个并行、敏捷的装配过程。参与虚拟装配的人员可以是跨地域的、跨行业的不同行业的人员。由于参与虚拟装配的人员可以根据本行业的实际情况评价装配设计，进而改善当前的设计。因此，虚拟装配为不同行业的人员提供了一个相互交流的平台。同时，虚拟装配过程也可以与零部件设计并行展开，因而可以达到快速响应的目的。

虚拟装配技术与传统CAD环境下的产品装配有着本质的区别，主要表现在以下几个方面：

（1）就交互手段而言，在传统 CAD 环境下进行产品装配，人机交互的手段是鼠标和键盘等二维的输入设备，而在虚拟环境下进行产品装配，人与虚拟环境的交互手段是三维的数据手套、数据衣、头盔式显示器、光栅眼镜等。

（2）装配路径规划方面，在传统的 CAD 环境中，装配矩阵的确定需要用户指定，即装配路径上的关键点和该点处的元件方向要求工程师交互输入，在发生干涉时还需要修改数据重新输入，交互量巨大显而易见。在虚拟装配系统中，虚拟设备能自动记录装配路径规划所需要的元件位置和方向信息，从而确定装配矩阵。这个过程是实时的、高效的，工程师能够有时间和精力把注意力放在工艺规划上，而不是烦琐的交互操作上。

（3）在输出结果方面，传统的 CAD 环境下装配工程师对产品进行装配建模得到的只是产品的数字模型，而在虚拟环境下装配，装配工程师不仅可以得到零件的装配轨迹、产品的装配顺序、装配过程动画等信息，而且装配工程师可以对产品的可装配性进行直接评价。

3. 虚拟装配的类别

根据虚拟装配过程中出现的不同侧重点，可以将虚拟装配归纳成三种主要的类别：

1）面向装配的设计（Design For Assembly，DFA）

面向装配的设计（DFA）是一种在装配设计阶段统筹兼顾的设计思想和方法，就是在产品设计过程中利用各种技术手段，如分析、评价、规划、仿真等，充分考虑产品的装配环节及其相关的各种因素的影响，在满足产品性能与功能的条件下改进产品装配结构，设计出来的产品是可以装配的，并尽可能降低装配成本和产品总成本。

2）以过程控制为中心的虚拟装配（Process-Centered Virtual Assembly，PCVA）

以过程控制为中心的虚拟装配主要包含以下两方面的内容：

（1）实现对产品总体设计进程的控制。

在产品数字化定义过程中，结合产品研制特点，人为地将虚拟装配技术应用于产品设计过程并划分为三个阶段：总体设计阶段、装配设计阶段、详细设计阶段。通过对三个设计阶段的控制，实现对产品总体设计进程的控制。

（2）过程控制管理。

过程模型包含了产品开发的过程描述、过程内部相互关系和过程间的协作等方面内容。希望通过对过程模型的有效管理，实现对工程研制过程中各种产品设计结果和加工工艺等产品相关信息的管理，从而实现优化产品开发过程的目的。

3）以仿真为中心的虚拟装配（Simulate-Centered Virtual Assembly，SCVA）

以仿真为中心的虚拟装配的主要目标是优化装配过程和可装配性评价。它是在产品装配设计模型中融入仿真技术来评估和优化装配过程，使产品能适应具体情况，合理划分成装配单元，使装配单元能并行地进行装配，而且能够评价产品装配的相对难易程度，计算装配费用，并以此决定产品设计是否需要修改。

10.5 可视化系统

1. VR 系统

1）组成及性能参数

如图 10.6 所示，VR 系统通常有以下组成部分：VR 头戴式显示器、控制器、跟踪器、计算机、软件、附加设备。目前，常用的软件为 Unity3D 和 UE，输出设备和输入设备分别为头盔显示器和游戏手柄，本节主要介绍的是 VIVE 公司旗下的 HTC VIVE 虚拟现实头戴式显示器。

HTC Vive 是一款高端的虚拟现实头戴式显示器，如图 10.7 所示，它的组成部分包括：

（1）VR 头戴式显示器：HTC Vive 的头戴式显示器包括两个 1 080×1 200 像素的 OLED 屏幕，可以提供高清晰度的虚拟现实体验。

（2）控制器：HTC Vive 的控制器可以跟踪用户的手部运动，并将用户的手部动作转换为虚拟世界中的动作。

（3）定位器：HTC Vive 的定位器可以跟踪用户的头部和身体运动，以确保用户可以在虚拟世界中自由移动。

（4）计算机：HTC Vive 需要一个强大的计算机来处理虚拟世界的图形和物理模拟，以确保用户可以流畅地体验虚拟世界。

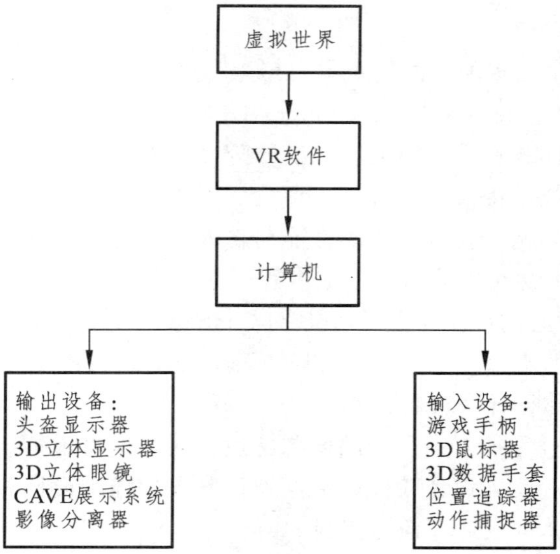

图 10.6　VR 系统

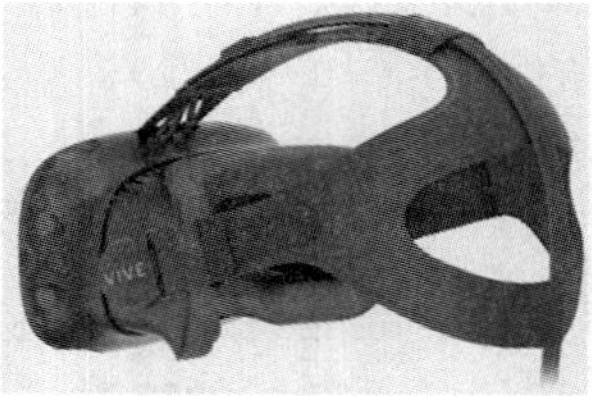

VIVE头戴式设备

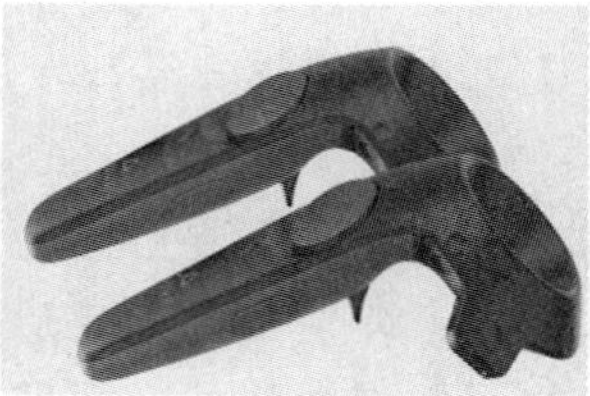

VIVE操控手柄

VIVE定位器

图 10.7　HTC Vive 虚拟现实设备

（5）软件：HTC Vive 使用 SteamVR 软件来创建和呈现虚拟世界，这些软件通常包括游戏、应用程序和虚拟现实体验。

（6）附加设备：HTC Vive 还可以使用附加设备，如外部摄像头、声音系统和运动平台，以提供更加真实的虚拟现实体验。

HTC Vive 虚拟现实设备性能参数如图 10.8 所示。

2）成像原理

HTC 头戴式显示器虚拟成像的原理是通过将两个高分辨率的显示器放置在头戴式设备中，同时配合传感器和跟踪器，实现对用户头部运动的实时跟踪和反馈，从而让用户感受到身临其境的虚拟现实场景。

具体来说，HTC 头戴式显示器的虚拟成像原理包括以下几个步骤：

VIVE头戴式设备参数

屏幕：	双AMOLED 屏幕，对角直径3.6吋
分辨率：	单眼分辨率为1080 x 1200像素（组合分辨率为2160 x 1200像素）
刷新率：	90 Hz
视场角：	110°
安全性特色：	VIVE陪护人引导系统和前置摄像头
传感器：	SteamVR追踪技术、G-sensor校正、gyroscope陀螺仪、proximity距离感测器
连接口：	HDMI、USB 2.0、3.5 mm立体耳机插座、电源插座、蓝牙支持
输入：	内建麦克风
双眼舒压设计：	瞳距和镜头距离调整

VIVE操控手柄参数

传感器：	SteamVR追踪技术
输入：	多功能触摸面板、抓握键、双阶段扳机、系统键、菜单键
单次充电使用量：	约6小时
连接口：	Micro-USB

空间定位追踪设置

站姿 /坐姿：	无最小空间限制
房间尺度（Room-scale）：	可达15 m^2的空间定位追踪 * *追踪范围约为3.5m x 3.5m。

图 10.8　HTC Vive 虚拟现实设备性能参数

（1）显示器：HTC 头戴式显示器内置两个分辨率为 1 080×1 200 像素的 OLED 显示器，一个显示器对应一只眼睛，通过显示器将虚拟现实场景投射到用户眼睛中。

（2）传感器：HTC 头戴式显示器内置多个传感器，包括加速度计、陀螺仪、磁力计等，用于实时跟踪用户头部的运动状态。

（3）跟踪器：HTC 头戴式显示器还配备了两个基站，用于跟踪头戴式显示器在空间中的位置和方向，从而实现对用户头部运动的精确跟踪。

（4）软件：HTC 头戴式显示器的虚拟现实场景是由计算机生成的，通过软件将虚拟场景投射到显示器上，并根据用户头部的运动状态实时调整场景的视角和位置，从而让用户感受到身临其境的虚拟现实体验。

综上所述，HTC 头戴式显示器的虚拟成像原理是通过高分辨率显示器、传感器、跟踪器和软件等技术手段实现的，让用户可以身临其境地感受到虚拟现实场景。

3）优　势

HTC VIVE 头戴式显示器在工业制造方面具有以下优势：

（1）操作培训：可以提供虚拟现实的操作培训，让工人在虚拟环境中进行操作练习，减少了实际操作中的错误和风险。

（2）设计验证：可以用于设计验证，让设计师在虚拟现实环境中进行产品设计和验证，减少了实际制造中的错误和成本。

（3）维修保养：可以用于维修保养，让维修人员在虚拟现实环境中进行维修和保养，减少了实际维修中的错误和风险。

（4）远程协作：可以用于远程协作，让不同地点的工人在虚拟现实环境中进行协作和沟通，提高了工作效率和准确性。

（5）安全培训：可以用于安全培训，让工人在虚拟现实环境中进行安全培训和模拟，提高了工作安全性和减少了事故发生的可能性。

综上所述，该头戴式显示器在工业制造方面具有提高效率、降低成本、提高安全性等优势，可以为工业制造企业带来更多的价值。

2. Hololens 2

1）Hololens 2 组成及性能参数

HoloLens 2 设备从 HoloLens 1 代发展而来，是一台可穿戴一体式全息计算设备，如图 10.9 所示，它具有当前业内较好的光波导显示组件，拥有独立的计算单元，可进行实时手势、语音、感知环境、运动跟踪、眼动跟踪等解算。HoloLens 2 设备是一款完整的全息混合现实设备，无须依赖任何外部软硬件就能完成所有混合现实计算和展示。HoloLens 2 设备也是一个混合现实平台，运行 Windows 10 全息操作系统（Windows 10 Holographic System），拥有所有 UWP（Universal Windows Platform，通用 Windows 平台）特性支持。Hololens 组件主要有面罩、头带、亮度按钮、音量按钮、电源按钮以及 USB-C 端口。

图 10.9　HoloLens 2 混合现实设备

HoloLens 2 作为一款完备的混合现实设备，搭载了众多的传感器、计算单元，提供了优秀的沉浸式体验，其基本性技能参数如表 10.1 所示。

表 10.1　HoloLens 2 基本性技能参数

显示器	光学：透明全息透镜（波导） 分辨率：2k，3∶2 光引擎 全息密度：>2.5k 辐射点（每个弧度的光电） 基于眼睛位置的呈现：基于眼睛位置的 3D 显示优化
传感器	头部追踪：4 台可见光摄像机 眼动追踪：2 台红外摄像机 深度：1-MP 飞行时间深度传感器 IMU：加速度计、陀螺仪、磁强计 相机：8MP 静止图像，1 080p30 视频
音频和语音	麦克风阵列：5 声道 扬声器：内置空间音响

续表

人类理解力	手动追踪：双手完全铰接模型，直接操作 眼动追踪：实时追踪 语音：设备上的命令和控制，具有互联网连接的自然语言 Windows Hello：具有虹膜识别功能的企业级安全性
环境理解	6DoF 追踪：世界范围的位置追踪 空间映射：实时环境网络 混合现实捕获：混合全息图及物理环境照片和视频
计算和连接	SoC：高通骁龙 850 计算平台 HPU：第 2 代定制全息处理单元 内存：4 GB　LPDDR4×系统 DRAM 存储：64 GB　UFS2.1 Wi-Fi：Wi-Fi　5（802.11ac　2×2） 蓝牙：5.0 USB：C 型
适合	单尺寸 支持佩戴眼镜
质量	566 g
软件	Windows Holographic 操作系统 Microsoft Edge Dynamics 365 Remote Assist Dynamics 365 Guides 3D 查看器
强大功能	电池使用时间：有效使用 2～3 h 充电：USB-PD 快速充电 散热：被动式（无风扇） 含锂电池

2）全息影像

如图 10.10 所示，通过 HoloLens 可以查看“全息影像”，它们是由出现在用户周围的光线和声音组成的对象，看上去就像真实对象。全息影像可以响应用户的凝视、手势和语音命令。它们甚至可以与用户周围的真实表面交互。全息影像是属于用户世界的数字对象。HoloLens 渲染的全息影像直接出现在用户眼前的全息框架中。全息影像为用户的世界增添光彩，这意味着用户既可以看到来自显示器的光线，也可以看到来自周围世界的光线。由于 HoloLens 使用添加光线的附加显示器，黑色将呈现透明。不同全息影像的外观和行为各不相同。有些是现实、立体的，有些是卡通、空灵的。用户可以使用全息影像突出显示环境中的特征，或将它们用作应用程序用户界面中的元素。全息影像还可以生成声音，这些声音似乎来自用户环境中的特定位置。在 HoloLens 上，声音来自位于耳朵正上方的两个扬声器。与全息显示器一样，扬声器是可叠加的，可在不阻挡环境声音的情况下引入新声音。

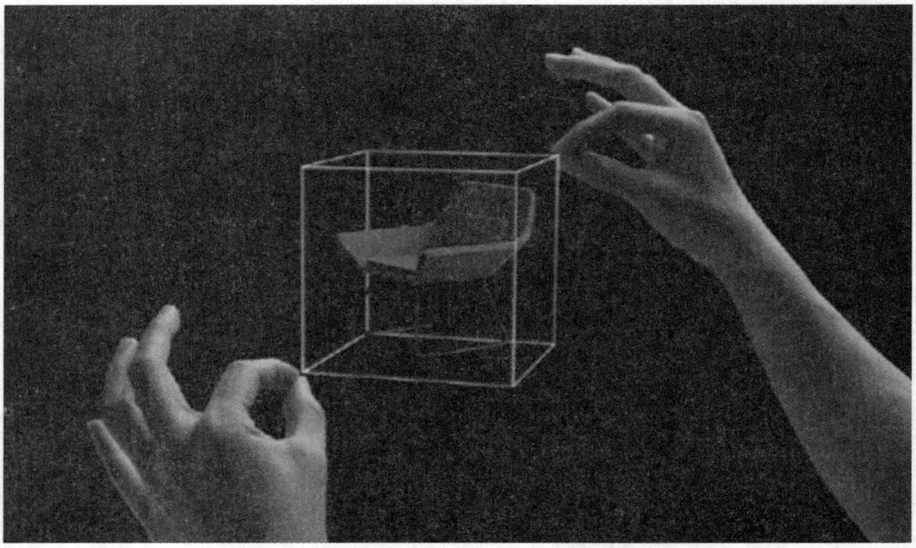

图 10.10　HoloLens 查看“全息影像”

全息影像不仅仅是光线和声音，它们也是用户世界的活跃部分。凝视全息影像并用手做手势，全息影像就会开始跟随用户动作。发出语音指令，全息影像就会回复。全息影像可以实现在其他地方无法实现的个人交互。因为 HoloLens 知道全息影像在世界中的位置，所以全息角色可以直视用户的眼睛并与用户开始对话。

全息影像还可以与用户周围的环境交互，如图 10.11 所示。例如，用户可以在桌子上方放一个全息弹跳球。然后，通过隔空敲击，观察球的弹跳，球在击中桌面时会发出声音。全息影像也可能被现实世界的对象遮挡。例如，全息角色可能穿过一扇门，走到一堵墙后面，超出用户的视线范围。

图 10.11　全息影像与周围环境交互

3）功　能

（1）增强现实体验：HoloLens 2 可以将虚拟对象与现实世界相结合，创造出逼真的增强现实体验。

（2）空间映射：HoloLens 2 可以通过深度传感器和摄像头对周围环境进行空间映射，以便更好地定位和跟踪虚拟对象。

（3）手势控制：HoloLens 2 可以通过手势控制来进行操作，例如点击、滑动、捏合等。用户可以使用手势来选择、移动、调整和放大虚拟对象。

（4）语音控制：HoloLens 2 可以通过语音控制来进行操作，例如打开应用程序、调整音量、搜索内容等。用户可以使用语音来控制 HoloLens 2，而无须使用手势或触控。

（5）眼动追踪：HoloLens 2 可以通过眼动追踪来进行操作，如选择、滚动、放大等。用户可以使用眼睛来控制 HoloLens 2，而无须使用手势或触控。

（6）多任务处理：HoloLens 2 可以同时运行多个应用程序，用户可以在同一时间内进行多项任务。

（7）远程协作：HoloLens 2 可以通过远程协作功能，让在不同地点的人员共同参与到同一项目中。

（8）安全性：HoloLens 2 具有多层安全措施，包括面部识别、PIN 码、Windows Hello 等，以确保用户数据的安全。

10.6　仿真系统构建软件

1. 构建系统所用软件的选择

仿真系统的实现需要许多其他软件的支持，包括建模软件、虚拟场景构建软件、数据库软件。只有各种软件协同工作，才能更好地完成项目。

1）建模软件选择

三维建模软件非常多，常用的有 Inventor、Pro/E、Creo、Solidworks、CATIA、AutoCAD、UG 等，这些主要用于工业设计制造环节，还有一部分如 3DS Max、Maya 等，这些主要应用于外观设计。

下面对 3DS Max 和 Maya 进行比较：

3DS Max：Discreet 公司开发的三维动画渲染和制作软件，功能强大，在建筑领域和游戏领域有广泛的使用，且教程较多，方便自学。

Maya：Autodesk 公司开发的三维动画制作软件，广泛运用于影视工业领域，全平台支持，完美支持 Windows、Liunx，更加偏向于动画、特效制作。

2）虚拟引擎选择

为了实现虚拟场景，游戏引擎是一个很好的解决方案。尽管虚拟仿真比虚拟漫游要求更高，但游戏引擎依旧可以胜任，并且游戏引擎丰富的 API 接口也能大大提升工作效率，其在非游戏领域的商业化运用也不少。

目前，国内主流虚拟引擎主要是 Unity3d 和虚幻引擎 4（Unreal）。

Unity3d：由 Unity3d Technologies 开发的专业游戏引擎，支持平台广泛，插件众多，完美契合 C#，适合脚本编程，教程众多。

虚幻引擎 4：目前世界授权较广的顶尖游戏引擎，注重于美术、动画、过场电影，全开源，对电脑配置要求较高，适合大型项目制作。

3）数据库选择

SQL SERVER 是 Microsoft 开发的关系型数据库管理系统（DBMS），操作简单，图形界面良好，编程 API 丰富，与 Unity3d 的连接也便于实现。

2. 3DS Max 建模及其工作原理

3DS Max 中常用建模可以划分为 3 种方法，分别是多边形建模、二维转三维、面片建模。

1）多边形建模

多边形建模是最常用的建模方式，可以解决大部分模型的建模问题。3DS Max 多边形建模方法容易理解，适合初学者学习，在建模的过程中对使用者有极大的自由。3DS Max 中的多边形建模主要有两个命令：Editable Mesh（可编辑网格）和 Editable Poly（可编辑多边形）。

可编辑网格方式建模兼容性极好，优点是制作的模型占用系统资源最少，运行速度最快，在较少的面数下也可制作较复杂的模型。它将多边形划分为三角形，可以使用编辑网格修改器或直接把物体塌陷成可编辑网格。其中涉及的技术主要是推拉表面构建基本模型，最后增加平滑网格修改器，进行表面的平滑和提高精度。这种技法大量使用点、线、面的编辑操作，对空间控制能力要求比较高，适合创建复杂的模型。

可编辑多边形是在可网格编辑基础上发展而来的，基本面不再只是三角形面，而可以是任意多边形面，其他地方与编辑网格非常相似。且 3DS Max 每一次升级都会对可编辑多边形进行技术上的提升，将它打造得更为完美，使它基本取代了可编辑网格的运用。

2）二维转三维

（1）放样。

放样是最传统的二维图形转换到三维几何体的方法，能将一个二维图形作为一个剖面，沿着某一条路径形成一个复杂的三维对象。

（2）利用常见的一些编辑器。

比如挤出——将二维图形对象的轴中心为起始点开始往二维图形的垂直方向延伸；车削——沿着中轴线旋转 360°形成的 3D 物体等。

（3）非均匀有理 B 样条（Non-Uniform Rational B-Splines，NURBS）建模。

先点击“创建”面板中的“图形”按钮下的“NURBS”曲线，再利用“挤压”“旋转”“封盖”等多种方法创建曲面。该方法是一种建立在数学公式基础上的建模方法，能自动计算出表面精度，相对普通建模方法可使用更少的控制点来表现相同的曲线，一般用作曲面建模。如果要保持曲面连续性则较为复杂，可以先创建若干个 NURBS 曲线，然后将这些曲线连接起来形成所需要的曲面物体。

3）面片建模

面片建模同样由多边形建模发展而来，是一种独立的模型类型。面片建模在曲面的编辑上有独到之处。面片与样条曲线的原理相同，同属 BEZIER 方式，并可通过改变面片参数来控制面片的曲率。面片与样条曲线的不同之处在于：面片是三维的，样条曲线为二维，因此控制句柄更多。面片建模的编辑顶点较少，可以通过简单的操作表现出物体表面的光滑或褶皱。

面片建模创建思想一般可以分为两种：雕塑法，利用面片修改器调整面片的子对象，通过拉扯操作将基本对象改造成模型；另一种是蒙皮法（POLYLINE + SURFACE），先绘制模型的基本线框，在子对象层级中编辑子对象，最后添加一个曲面修改器形成三维模型。

4）3DS Max 建模的一般思路

（1）构建基本几何模型。

（2）使用高级建模命令如布尔运算，修正模型的细节、尺寸比例。

（3）创建光源。

（4）贴图，赋予材质。

（5）设置模型单位等参数，渲染出图。

3. Unity 3d 开发基础

一个 Unity 3d 项目，从上到下可以划分为 4 个层级，分别是应用（Application）、场景（Scene）、游戏物体（Game Object）、脚本（Component）。

应用（Application）：顾名思义就是整个应用的层级，包含了整个系统的所有场景、游戏物体及脚本。

场景（Scene）：Unity 3d 中的一个重要概念，类似于电影场景的概念。每一个 Scene 都是一个独立的世界，应用可以在不同的 Scene 之间自由跳转，Scene 也是搭建模型的基础单位。一个新建的 Scene 里面会默认添加一个 Main Camera（主相机）和一个 Directional Light（方向光源）。主相机的作用是将场景投影到屏幕，也就是用户所见的程序运行界面。方向光源的作用是照亮整个场景，模拟现实世界的光影效果。

游戏物体（Game Object）：在场景中的每个具体存在的物体就是游戏物体，比如地面、树木、人物、光线、摄像机等，尽管它们有各自有不同的作用，但是都处于同一层级，游戏物体也是模型的基本单位。

脚本（Component）：每个游戏物体上面都会悬挂各种脚本，用来实现不同的属性设定和行为设定。脚本是最底层的组件，也是一般编译脚本所处层级。以任何都拥有的 transform 组件为例，它拥有 3 个重要属性，分别是 position、rotation 和 scale，分别代表物体的位置、朝向和大小。

10.7 基于混合现实的产品设计仿真验证与分析评价流程

在前期理论建模阶段，构建面向混合现实的产品方案及性能验证和评价方法理论体系，包括研究面向混合现实的产品建模理论、面向混合现实的产品服役环境建模理论和虚实融合方法及理论。

通过研究混合现实仿真验证环境构建技术，实现基于产品服役环境的混合现实虚拟场景建立。完成面向产品验证分析的混合现实理论建模，需要先进行现场调研，采集现场环境以及相关设备影像资料，明确相应型号、相应产品部件特点，确认相关硬件的设备运行性能，提取特征，并且针对硬件做出整体资源的开发容量评估，结合基于需求的已有复杂产品定制设计技术以及多域优化仿真物理模型切入实际所需要的混合现实验证分析性能。

然后通过程序开发，结合虚拟建模技术、自动化场景建模以及云渲染技术，通过 3DS Max、Unity 等软件实现产品虚拟服役环境构建，为后续仿真方案设计验证分析及方案评价提供环境基础。

研究多主体协同交互方案验证与分析评价技术，从而使验证过程能够充分覆盖丰富技术角度，提高决策、评估效率。结合多人协作人机交互技术（HCI）、WebRTC 技术、WebSocket 技术、WebGL 技术、即时定位与地图构建技术（SLAM）和眼动追踪技术（Eye Tracking）等实现服务产品相应性能分析验证的人机交互设计，使整个验证过程顺畅而精确；同时构建多人交互虚拟空间，实现分析团队意见和经验即时共享，提高决策速度和质量，从而构建基于混合现实的产品方案及性能仿真验证和评价工具平台，如图 10.12 所示。

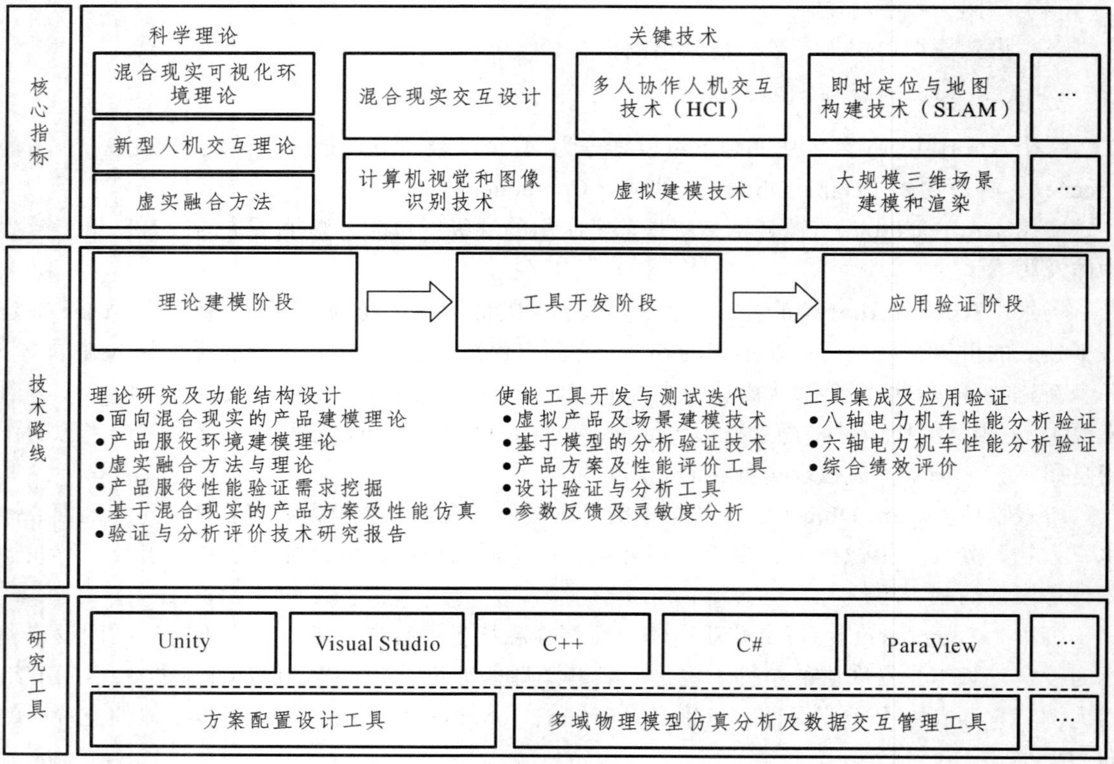

图 10.12　基于混合现实的产品设计仿真验证与分析评价关键技术路线

由于整个验证过程包括多个用户对象，然而仅仅依靠传统的目标检测技术无法辨别出特征相似的个体，因此需要一种新的算法框架解决用户身份识别和空间位置跟踪问题，即对象 ID 以及三维空间基于原点的偏移量。为了保证良好的用户体验和交互质量需求，虚实物体间光照一致性和几何一致性尤为重要，然而考虑到硬件设备性能局限性以及超高的实时性能需求，还需要使一部分算法作用于处理结果，最后实现虚实完美融合。此模块是用户与系统间的重要纽带，通过合适的输入方式用户才能操纵虚拟对象，实现优秀的交互体验。同时，利用计算机智能识别技术，根据编写的脚本进行用户手势、语音等智能分析并产生合理反馈，杜绝用户佩戴大量烦琐设备的情况，解放双手双脚，使用户能够将注意力放在产品性能的仿真验证和分析上。

在中期验证评价工具原型开发的基础上，针对产品特征与使能工具功能结构，通过基于混合现实的性能验证与参数反馈技术，进行工具的测试迭代优化。以中车大同八轴 9 600 kW 系列电力机车、六轴 7 200 kW 系列电力机车的曲线通过性能为对象，根据需求与功能特点选定参数，研究验证结果参数反馈技术并通过试验参数灵敏度分析研究部分病态数据及发生环境变化时的最优解稳定性，最后实现基于体验式交互的性能验证与参数反馈体系建立。

最后将工具平台应用于轨道交通产品，提出不同平台间数据转换方式拓展工具内容，结合多域物理仿真模型以及产品 MBD 模型验证理论建模的有效性。例如进行列车动力学仿真方案验证、方案设计等，从多角度实现产品方案的验证和性能分析评价，并根据反馈结果与灵敏度进一步迭代优化理论建模和平台工具。

参考文献

[1] 赵沁平，周彬，等. 虚拟现实技术研究进展[J]. 科技导报，2016，34（14）：71-75.

[2] 马帅. 基于 Unity3D 的机械产品虚拟仿真及增强现实应用技术研究[D]. 石家庄：河北科技大学，2017.

[3] 王崴，李恒威，等. 混合现实技术在军事中的应用综述[J]. 兵器装备工程学报，2021，42（09）：15-25.

第 11 章 实训项目 10-设计迭代和协同设计

11.1 实训目的

（1）了解复杂产品设计迭代和协同设计的方法。

（2）掌握 CAD 软件中零部件设计迭代和协同设计的基本步骤。

11.2 实训方法

本实训主要按照实训任务和指导教师的要求，完成实训内容。在实训过程中，学生在教师指导下完成分组，了解复杂产品设计迭代和协同设计的方法，通过小组协作和讨论形成完整的实训步骤，并利用数字化研发实训室的软件平台，通过上机实验完成实训任务。建议流程如下：

（1）教师讲授复杂产品设计迭代和协同设计的基本理论、技术；

（2）教师指导学生进行实训分组，建议每组 2 ~ 4 人；

（3）学生按组进行分工，根据实训指导书建议的实训流程制定具体的实训实施方案；

（4）分组进行具体实训，包括实际对象认知、设计迭代、协同设计、上机、实训报告撰写、实训成果汇报等；

（5）教师统计并总结实训情况。

11.3 设计迭代

在设计过程中，由于新的可选技术等新知识不断加入，设计需求的变更，设计者拥有的知识、经验和偏好的不同以及设计情境的变化，不可避免地会出现设计意图、设计概念、设计可选技术项的改变，从而导致设计决策的变更，因而，设计活动必然不断出现反复与迭代。

设计活动中的反复和迭代是复杂产品研发过程中不可避免的，结合模块化、参数化设计流程和模型，设计知识的迭代主要表现在以下两个方面。

（1）概念设计阶段，以模块为载体进行设计概念和设计选项的添加、更改及删除。设计概念和选项的添加是指在后续的设计过程中，需要为前面已完整实现的或仍在实现过程中的设计概念和选项补充新的同级概念（选项）、子概念（选项）或最底层的元概念（选项），并继续实现；设计概念和选项的更改是指对前面已完整实现的或仍在实现过程中的设计概念和选项进行更改并重新实现的过程；设计概念和选项的删除是指当设计过程中不再需要考虑某些设计概念和选项时，则删除该设计概念和选项及其包含的子概念（选项）或元概念（选项）。

（2）详细设计阶段，对设计参数的添加、更改和删除。设计参数的添加是指在后续设计过程中，设计者认为原有的设计参数不能很好地实现设计意图或者会对后续设计过程产生不利影响，提出新的设计参数；设计参数的更改是指在后续设计过程中，设计者认为原有的设计参数不能很好地实现设计意图或者影响后续设计过程，对原有的设计参数做出修改；设计选项的删除是指在后续设计过程中，设计者认为前面提出的设计参数不符合设计要求或因其他原因而不予考虑。

11.4 机械产品协同设计技术产生的背景

随着科技的发展和现代工程企业的快速崛起，复杂产品的设计已经越来越多地出现在当代各企业的产品设计中。复杂产品具有零部件数量繁多、产品生命周期长、单位成本高、高技术及知识集成、零部件定制化比重大的特点，因此复杂产品的设计往往是产品技术需求多样化、制造过程烦琐、项目管理流程困难的一系列产品的设计。在复杂产品的设计过程中，现代制造企业必须找到适当的产品设计方式来有效地缩短产品设计时间、提高产品设计质量、降低设计成本并提升用户的使用体验。

不同专业的设计人员可以在不同地点、不同时间段协同完成某项复杂产品的设计。随着计算机技术的快速发展，现如今协同设计技术也越来越成熟，其有关协同设计技术在计算机领域的应用也越来越广泛，比如远程协同办公、复杂产品的设计以及新闻共享协同设计系统等。人与人之间可以在计算机支持的协同设计系统中实现信息或者数据的共享。协同工程要求有效地支持跨时间、跨地域、跨学科的多功能小组的协同工作，实现不同领域的知识共享和设计思想交流，完成各学科领域专家之间信息的交互、知识的处理和各种数据的交换等[1]。

11.5 协同设计相关理论

1. 协同设计的概念

协同的概念最早是 Ansoff 在研究企业之间共生互长关系时从经济学的角度首次提出的[2]。1971 年，德国科学家 Haken 对其概念进行了丰富，系统地提出了协同学理论，并将其作为一门独立的学科理论[3]。其中，协同中的“协”有“协和、协作”的意思，协同是指两个或两个以上的多个独立个体“同步、协调、合作”地完成某一共同的目标或工作。随着时代的进步，协同理论在新的知识经济时代得到广泛应用，并不断发展与深化。另外，由于互联网的发展，计算机技术从传统的单用户工作模式发展为多用户协同工作模式。在 20 世纪 80 年代中期，由美国麻省理工学院的 Irene Greif 和数字设备公司的 Paul Cashman 首次在设计领域提出了“计算机支持的协同工作（Computer Supported Cooperative Work，CSCW）”概念，即在众多主体协同工作的背景下，通过借助计算机、通信技术的发展、融合来形成一个群体协作完成同一项任务。自此之后，越来越多的研究学者开始对这一概念进行深入研究，CSCW 也不断地发展并形成相应的研究领域，为协同设计理论的产生与发展奠定了重要的基础。近些年来，随着信息化发展的逐步深入，设计领域的合作分工日益精细化，协同设计技术顺应时代发展的需求，被众多的设计公司应用于产品设计行业中，大幅度地缩短了产品的设计周期，提高了企业的经济效益，使得行业对协同设计概念的理解也随之不断加深。

不同学者对协同设计有不同的定义，其中，芮延年[4]对协同设计定义为：协同设计是指两个或者两个以上来自不同专业领域的设计主体（或专家），通过一定的信息交换和交互协同机制，分别完成各自的协作任务，以实现共同的设计目标。殷学梅[5]认为协同设计的实质是不同专业的协同设计人员以共同完成某项复杂产品设计为目标，通过实时交换信息或数据的方式，提高协同设计人员决策的正确率，从而加速复杂产品设计的效率。

从企业视角出发，协同设计是不同企业主体或同一企业的不同设计部门主体为完成某一项目进行的设计工作协调分工与合作；从设计工作视角看，协同设计是指两个或多个主体（包括客户、科研院所和高科技企业等）为完成某一设计目标，以现有的互联网通信科技条件为基础，通过运用现有的信息共享和协同机制技术来划分不同的设计任务，从而共同完成某一目标的一系列工作活动流程。综上所述，协同设计是指在计算机技术的支持下，两个或多个跨学科、跨行业、跨部门的设计主体在不同地理区位上运用相互协同工作与信息共享的相关技术，以完成个人协作任务来实现产品某一设计目标的设计方法。因此，协同设计也被称为计算机辅助协同设计，是指基于计算机信息科技和计算机支持协同设计（Computer Supported Cooperative Design，CSCD）技术不断发展而提出的一种用于新产品研发工作的设计方法。产品的设计过程通过采用协同设计的方式来完成设计信息的交换和共享，从而实现企业设计资源配置的优化，提升设计主体的工作效率，减少因设计资源冲突造成的设计任务重复、迭代执行问题，从而极大程度地提升产品的设计质量，缩短产品的设计周期，减少企业对市场客户需求的响应时间[6]。

2. 协同设计的工作方式

由于参与协同设计的主体具有跨领域、跨行业、跨区域等特点，区域空间和任务执行进度的同步性因素成为影响协同设计工作能否顺利、准时完成的重要因素。因此，本章从参与协同设计主体的区域地理位置、双方信息交互、应答的时间两个方面出发，将其工作方式分为面对面交互、异步交互、同步分布式交互及异步分布式交互，如图 11.1 所示。

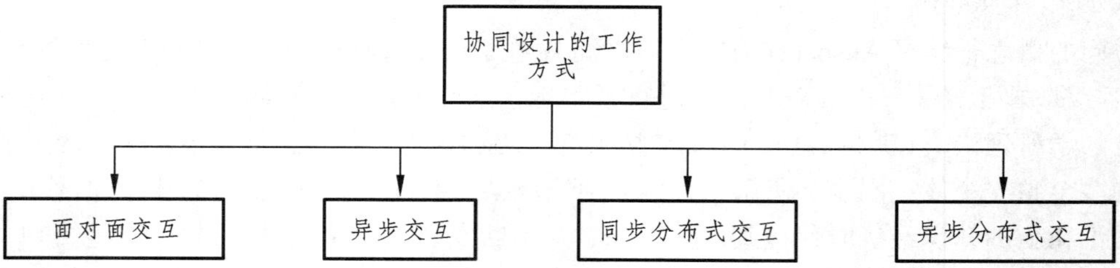

图 11.1　协同设计的工作方式

（1）面对面交互。该工作方式是指参与协同设计的多方主体为实现某一设计目标在同一时间、同一地点通过面对面的会议模式共同完成协同设计的工作任务。

（2）异步交互。该工作方式是指参与协同设计的多方主体在同一地点于不同的时间通过运用现代先进的信息技术工具实现主体间的信息共享，从而完成某个协同设计工作的任务目标。

（3）同步分布式交互。该工作方式是指在相同的时间、不同的地点，多方设计主体通过信息共享技术实现设计工作数据的跨区域传输，且能迅速地得到个体所执行设计任务的反馈信息，从而实现协同设计的工作目标。

（4）异步分布式交互。该工作方式是指在不同的时间、不同的地点，多方协同设计主体围绕着某个共同的设计目标，基于集成化的信息平台，在各自工作空间内通过文件管理、E-mail 和分布式数据库方式完成设计任务目标的协同设计工作。

3. 协同设计过程介绍

协同设计是一个众多人员为了完成同一产品的设计协同合作的过程，因此首先需要对这个产品设计进行任务分配。在进行任务分配的过程中，必须考虑任务分配的合理性，只有合理的任务分配，才能使每个参与设计的人员充分发挥自己的优势与主观能动性。另外，不同的设计人员在协同设计过程中会遇到任务调度问题，为了避免任务调度过程中的冲突问题，协同设计人员需要相互协调。因此，协同设计过程中的任务调度问题是一个关键问题。经过国内外众多学者的研究，目前主要有基于工作流技术来解决协同设计过程中的任务调度。

1）工作流技术定义

工作流管理系统（Workflow Management System，WfMS）对工作流定义为：工作流是一类能够完全或者部分自动执行的过程，它使一系列过程规则、文档、信息或任务能够在不同的执行者之间进行传递与执行[7]。

2）基于工作流技术的协同设计驱动方法

在复杂产品的协同设计中，可以将工作流技术应用到协同设计中来解决任务调度问题。目前，已经有众多学者提出了工作流技术在协同设计中的应用[8-10]。基于工作流技术的协同设计驱动方法的核心思想是利用某种建模方法，定义流程的执行步骤，然后将执行步骤交给工作流引擎，工作流引擎能够解析已经设计好的流程并形成协同设计人员或其他应用程序的交流接口，从而控制协同设计流程的执行过程。但在具体的实际问题中，复杂产品设计的业务流程往往是一个动态多变的过程，因此，基于工作流技术的协同设计系统需要不断地根据业务流程的变化进行灵活修改，即工作流需要具有柔性[11]，主要体现在以下四个方面：

（1）复杂产品协同设计过程中，传统工作流技术主要分为两个阶段，即流程建立阶段和流程运行阶段。产品设计人员必须事先定义好流程，在实际执行过程中一般不能更改。

（2）工作流管理技术有固定的流程步骤，每个流程所需的资源在定义流程时就要分配完成，因此不能实现资源的动态分配，从而造成资源的浪费或资源不足等问题。

（3）某一复杂产品的设计可以划分为若干个不同的部件设计，但在基于工作流的协同设计中，流程定义和任务分配都不能动态地进行更改。

（4）缺乏反馈管理机制，一个复杂产品的设计需要多个协同设计人员共同完成，因此需要建立合理的反馈管理机制。为了解决这些不足，本章提出了一种基于数据驱动的协同设计方法。

3）基于数据驱动的协同设计技术

在计算机科学领域的程序设计过程中，数据库中的数据能够作为程序设计的导向，这是数据驱动思想的起源。随着近年来众多学者对数据驱动思想的研究，其研究应用领域也越来越广泛，比如数据驱动建模、数据驱动故障检测、数据驱动控制领域等。

4. 协同设计任务规划

由于协同设计产品的复杂性、设计过程的分布性和设计活动的多样性，单一个体无法独自完成产品的设计任务。因此，协同设计任务规划是保障协同设计过程中所有主体顺利完成设计任务的重要部分。在协同设计过程中，任务分解是协同设计任务规划的第一步，是任务规划能否合理有序完成的关键；然后，通过任务排序能够有效地提升产品设计任务的执行效率，缩短产品设计任务的完工时间；而为了提高设计任务与设计主体匹配度，最大化发挥设计主体的技术才能，提高产品的设计质量，任务分配成为完成协同设计任务规划的最后一步。基于此，本章对协同设计任务规划中的任务分解、任务排序和任务分配进行研究。具体情况如下：

（1）任务分解。任务分解又称为任务拆分，其目的是将总设计任务分解为一系列能够单独完成的任务模块或级别更小的任务。产品的设计任务分解主要包括初分解、满意度测评和子任务相互关系分析三部分。在任务分解过程中，设计主体首先要分析产品设计的总体功能，然后详细地分析协同设计过程中产品的设计要点、结构特性、设计主体特征及企业部门特点等因素；最后根据功能与结构相结合的原则从设计主体和设计任务的角度，运用设计结构矩阵方法将总设计任务分解为多个任务模块及更小的子任务。

（2）任务排序。在协同设计的任务规划中，合理、科学、可行的任务执行序列能够有效地减少产品的设计时间，提高产品的设计效率。而任务间的信息资源依赖关系是影响任务实施流程顺序的关键因素。因此，设计主体在任务排序时首先通过运用有向图、设计结构矩阵等理论分析任务间的所有耦合信息环路；然后根据协同设计中的任务耦合程度，将任务分为全耦合任务、部分耦合任务和多任务耦合任务，并提出相应的任务解耦策略；最后通过基于次序指标的递归割裂算法来完成设计结构矩阵中的任务解耦工作，并确定耦合任务集中任务的完工顺序。

（3）任务分配。任务分配是指通过分析设计主体的类似任务执行次数及经验、软硬件使用水平、任务的兴趣程度等因素构建任务匹配指标矩阵，然后根据设计任务的执行顺序方案制定设计任务分配流程，并将任务分配给相应的协同设计群组去完成。

11.6 复杂产品协同设计

复杂产品协同设计是由客户需求分析、产品结构外形设计、产品功能实现和技术工艺规划等多项活动组成的过程。由于复杂产品客户功能需求的多样性、结构外形的复杂性、操作技术的约束性、零部件的集成性和设计主体的分散性等特点，复杂产品的协同设计任务实现过程是一个跨领域、跨部门、跨区域的设计技术人员和管理人员，基于计算机支持协同设计（CSCD）技术的支持，在限定的时间内和有限的资源约束下，通过运用各种新兴设计技术和信息共享方式协同完成复杂产品设计任务目标及实现产品设计整体最优的过程[12]。因此，基于上一节对复杂产品协同设计相关理论知识的分析，研究了复杂产品协同设计的本质和特征，得出复杂产品协同设计体系由复杂产品协同设计过程、复杂产品协同设计组织和复杂产品协同设计支持系统三个基本要素组成。具体内容如图 11.2 所示。

（1）复杂产品协同设计过程。复杂产品协同设计过程是指由众多跨领域、跨部门、跨学科的设计主体经过产品的功能需求信息分析、产品概念设计、产品技术设计、产品详细设计到产品生产设计等阶段完成产品设计功能的过程。由于复杂产品设计周期长、设计任务量庞大、设计任务流程烦琐及设计信息实时动态变化等，导致复杂产品协同设计过程存在较多的不确定性因素，并最终影响复杂产品协同设计任务目标的完成。因此，复杂产品协同设计过程是复杂产品协同设计的关键要素。

（2）复杂产品协同设计组织。复杂产品协同设计组织是指在复杂产品的协同设计工作中，设计方企业为完成产品设计任务目标，基于协调设计人员、优化设计资源配置和制定任务执行方案等活动建立的产品设计项目组织。在复杂产品的协同设计工作中，设计主体区域分布的分散性、产品设计时间的长期性为协同设计工作执行进度的同步化、主体任务工作分配的最优化及设计任务规划方案的合理化带来了极大的困难。而复杂产品协同设计组织是提高参与人员工作效率、保证产品设计工作进度、缩短产品设计周期的重点。因此，复杂产品协同设计组织是复杂产品协同设计的重要因素。

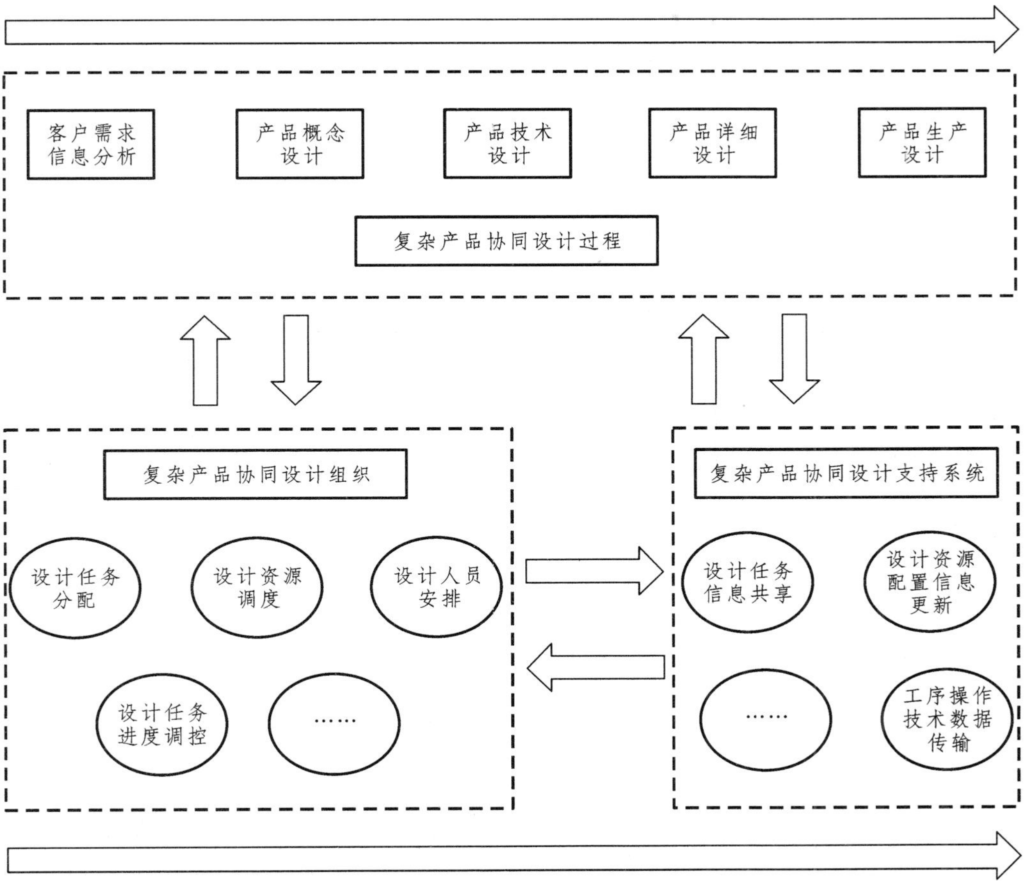

图 11.2　复杂产品协同设计要素示意图

（3）复杂产品协同设计支持系统。复杂产品协同设计支持系统是指设计方在产品设计过程中为实现产品设计信息的即时流通、设计任务技术操作数据的实时共享及设计任务资源的动态调度等功能，构建基于现代先进互联网共享技术支持的网络信息数据平台系统。在复杂产品的协同设计工作中，产品结构的复杂性、功能的多样性、设计任务的庞杂性和设计主体分布区域的分散性等特点都为产品设计工作的协调性、同步性和合作性带来了极大的困难。而复杂产品设计支持系统作为复杂产品协同设计中增强信息交互能力、优化数据共享途径和改善主体异地工作协调性的关键，成为设计主体顺利完成设计工作、提高产品设计质量、提升产品设计管理水平的重点。因此，复杂产品协同设计支持系统是复杂产品协同设计的主要要素。

11.7 基于 PDM/PLM 的协同设计实训流程

1. PDM/PLM 的主要功能

复杂产品研发领域最关键的业务平台是 PDM/PLM 系统。轨道车辆、汽车、飞机等复杂装备研制企业基本上都采用 PDM/PLM 系统来支撑研发内部的管理，特别是数字样机 DMU 技术、关联设计等技术需要多个部分共同开展的设计活动，是依托 PDM/PLM 技术发展的结果。PDM/PLM 主要功能包括以下方面：

（1）数模、图样的管理。数模、图样是车型研发最关键的交付物，是 PDM/PLM 平台管理的核心内容。通过 PDM/PLM 平台，为企业构建统一的电子数据仓库，实现对数模、图样文档的集中存储、发布以及变更管理。

（2）设计过程数据的成熟度管理。设计过程涉及跨专业的协同、CAD/CAE 乃至工艺验证之间的协同操作、零部件设计与供应商等交互工作等，这些都需要零部件数据在完成最终设计之前共享。设计成熟度就是为了确保这种共享、协同而采取的对零部件数据（数模、图样等）的管控方式。如在某些车企，数模初始是为了与供应商交流、供寻源定点使用的。第二个成熟度状态是零部件可以开软模的标志。第三个成熟度状态是零部件可以开硬模的标志等。通过 PDM/PLM 平台，如图 11.3 所示，对数模、图样等设计交付物进行成熟度管理，通过一定的流程驱动数模、图样等设计交付物成熟度状态的变化，从而驱动相关业务工作的开展。

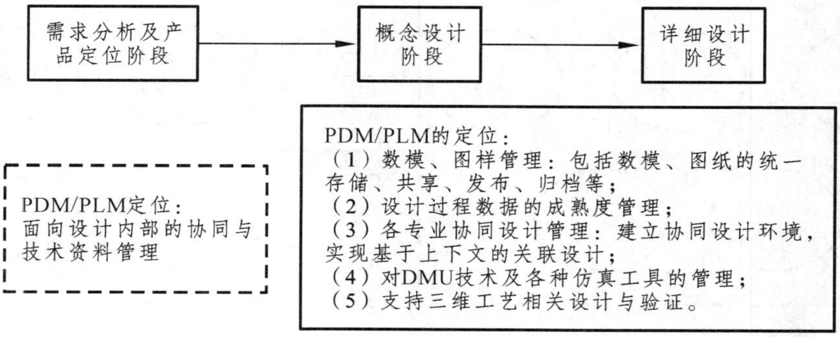

图 11.3　PDM/PLM 平台

（3）形成协同设计环境：复杂产品设计涉及机械、电子、软件等多学科交叉以及底盘、车身、电子电器、动力系统等多专业领域的协同。不同学科采用的设计、验证工具不同，而不同专业领域之间又存在着千丝万缕的关联。PDM/PLM 平台通过对不同学科的工具软件进行集成，达到一体化设计的目的；同时，通过上下文关联设计建立起不同专业之间的协同工作模式。

（4）DMU：DMU 技术对产品设计非常重要，能够起到提前发现问题、减少实物样车等作用。因此，在国外很多企业，DMU 验证是设计的日常工作；而国内制造业也将 DMU 作为产品开发关键节点的重要评审内容。对 DMU 的管理是 PDM/PLM 重中之重的管理内容。

（5）三维工艺验证与设计：基于三维数据进行工艺性审查、数字化工厂规划、工位设置等在车企的应用也越来越广泛。PDM/PLM 平台通过 CAD 工具、工艺验证工具的集成，实现两者信息和流程的贯通。

2. 协同设计与支持功能

以下以 SolidWorks PDM 为例介绍其协同设计支持功能，从而开展相关实训。

1）SolidWorks PDM 管理机制

SolidWorks PDM 的协同设计管理机制包括四个方面：组织、控制、查询和分享。

组织机制管理包括文件管理结构、协同设计方法和产品结构表达；控制机制包括审批工作流程、访问权限控制和受控文档控制；查询管理包括产品设计变化过程、产品设计图、文档和按一定规则导出报表；分享机制包括共享设计资源、各部门信息的快速反馈和沟通效率提高。

2）文件入库及版本

文件在 PDM 系统中严格受控与检入、检出机制，确保其数据的一致性，如图 11.4 所示。

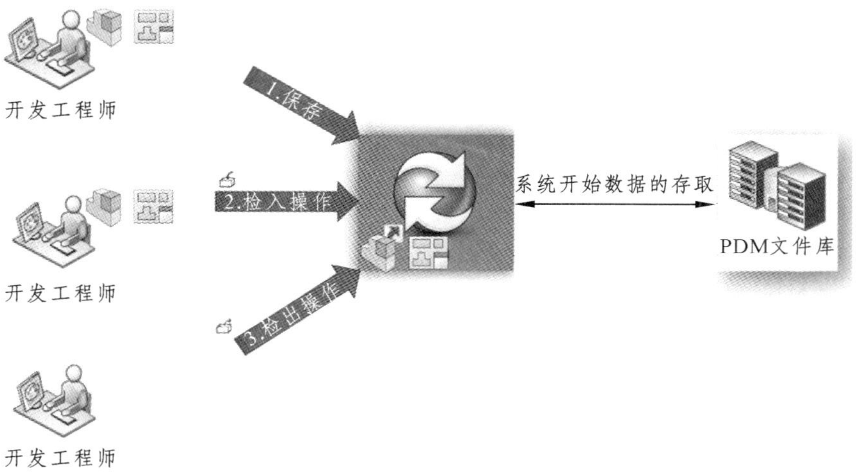

图 11.4　文件入库管理

3）管理文件

PDM 与 CAD 系统无缝集成，实现 CAD 模型文件的有效管理。

4）工作流程

PDM 采用定制的电子化流程，可自动更新审批，消除了耗费人力的人工纸质签字过程。

5）模　板

PDM 通过重命名产品文件夹、自动生成产品管理文件夹结构、自动生成所需的模板文件和将产品信息自动记录等功能实现协同设计快速模板创建。

根据 PDM 协同设计功能，其实训流程如图 11.5 所示。

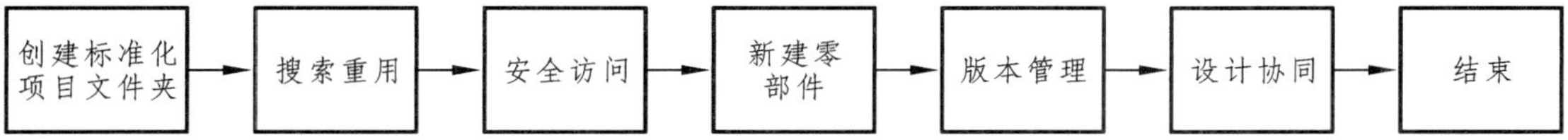

图 11.5　基于 PDM 的实训流程

参考文献

[1] 姚刚. 基于 BIM 的工业化住宅协同设计的关键要素与整合应用研究[D]. 南京：东南大学，2016.

[2] ANSOFF H. Corporate strategy [M]. New York：Mc Graw Hill Book Company，1987.

[3] 赫尔曼·哈肯. 协同学：大自然构成的奥秘[M]. 上海：上海译文出版社，2005.

[4] 芮延年，刘文杰，等. 协同设计[M]. 北京：机械工业出版社，2003.

[5] 殷学梅. 复杂产品协同设计中数据建模与驱动方法研究[D]. 南京：南京理工大学，2019.

[6] 梁闯. 异质理性行为下复杂产品协同设计活动优化[D]. 重庆：重庆交通大学，2021.

[7] 范玉顺. 工作流管理技术基础[M]. 北京：清华大学出版社，2001.

[8] 姚锋刚. 基于 JBPM 的工作流协同办公系统的设计[J]. 内燃机与配件，2018（17）：175-177.

[9] 刘海龙. 面向船舶协同设计的动态工作流程管理研究[D]. 杭州：杭州电子科技大学，2014.

[10] 王依祎. 基于 JBPM 开源工作流引擎技术的街居业务协同系统的设计与实现[D]. 北京：北京工业大学，2016.

[11] 李竞杰，王维平，等. 柔性工作流理论方法综述[J]. 计算机集成制造系统，2010，8：1569-1577.

[12] 朱永坤，明新国，等. 大型复杂产品协同研发能力分析模型及评价方法[J]. 机械设计与研究，2014，30（4）：1-5.